하 루 3 줄

초등 문해력의 기적

하루 3줄

초등 문해력의 기적

윤희솔 지음

청림Life

문해력은 공부의 기초이고,
공부는 다시 문해력의 디딤돌이 됩니다

"아이의 문해력을
키워주세요"

"아이의 문해력을 키워주세요. 아이가 책을 읽고 글을 쓰는 습관을 통해 적어도 해당 학년의 교과서를 읽고 이해하는 능력, 자기가 하고 싶은 말을 효과적으로 표현하는 능력을 초등학교 시기에 꼭 키워주세요."

『하루 3줄 초등 글쓰기의 기적』 출간 직후 한 매체와의 인터뷰에서 "초등학생 자녀를 둔 부모들에게 꼭 전하고 싶은 말이 있다면요?"라는 질문을 받았습니다. 비록 서면 인터뷰였지만, 첫 인터뷰인 만큼 뭐라고 답해야 할지 고심했습니다. 그러다 책에도 욕심부리지 않고 할 말을 솔직히 담아냈듯이 인터뷰에도 초등교사이자 엄마로서 평소 아이들에게 중요하다고 느꼈던 점을 가감 없이 싣기로 했습니다. 문해력에 관한 관심이 이렇게 뜨거워지리라고는 생각하지도 못했기에, 서면 인터뷰 초고를 문해력으로 끝맺은 이후에도 '다른 멋진 맺음말은 없었을까?' 하고 몇 번이나 되돌아봤습니다. 아무리 생각해도 초등학교 시기에 갖춰야 할 요소 중 인성과 습관, 문해력보다 더 중요한 것이 떠오르지 않아 그대로 인터뷰 원고를 넘겼던 기억이 납니다.

그 후 EBS에서 〈당신의 문해력〉이라는 프로그램이 방영된 후 문해력이 뜨거운 감자로 떠올랐습니다. 문해력이 교육계의 화두가 된 덕분에 '누가 읽을까?' 싶었던 저의 인터뷰를 기억한 많은 분들에게 연락을 받았습니다. 분에 넘치는 관심에 어리둥절하기도 했고, 이제라도 '문해력'의 가치를 알아보는 분들이 많아져서 다행이라는 생각도 들었습니다.

평범한 초등교사인 제가 문해력의 중요성을 절감한 이유는 무엇일까요? 매일 아이들이 학교에서 하는 일이 '읽기와 쓰기'이기 때문입니다. 문해력은 학습의 기초이고, 더 나아가 '나는 수업 시간에 배우는 내용을 이해할 수 있다'는 자신감의 원동력이 됩니다. 교과서를 읽고, 교과서에 제시된 문제에 답할 줄 알아야 공부 시간이 재미있기 때문이죠. 다른 친구들은 교과서를 유창하게 읽고, 교과서에 나온 문제에 답도 곧잘 쓰는데 어찌할 바를 몰라 안절부절못하는 아이들은 학력을 떠나 자신감부터 낮습니다.

문해력이 중요하다고 하니, 무슨 책부터 읽어야 할지 문의하는 학부모님이 부쩍 늘었습니다. 교육에 관한 질문은 아이와 부모마다 맞는 방법이 달라서 콕 집어 답하기가 곤란합니다. 그러나 망설이지 않고 추천하는 책이 바로 '교과서'입니다. 교과서는 아이가 날마다 읽는 책이기도 하고, 해당 학년에서 꼭 알아야 할 내용이 쉽고 짜임새 있게 녹아 있기 때문입니다. 더구나 교과서를 읽으면 공부와 문해력 둘 다 잡을 수 있습니다.

문해력의 사전적 의미는 '글을 읽고 이해하는 능력'입니다. 학교에서 필요한 문해력은 '공부'와 떼려야 뗄 수 없는 관계에 있습니다. 첫 인터뷰에서는 물론 이 책에서도 계속 강조하는 "해당 학년의 교과서를 읽고 이해하는 능력"은 기초 문해력과 더불어 교과 지식과 개념이 탄탄해야 생깁니다. 전 학년에 배운 내용을 정확히 알고 있어야 해당 학년의 교과 지식을 제대로 이해할 수 있습니다. 문해력은 공부의 기초이고, 공부는 다시 문해력의 디딤돌이 됩니다.

문해력이 없으면 효과적으로 공부하기 어렵고, 공부하지 않으면 문해력이 좋아지지 않는다는 걸 저도 경험했습니다. 어느 날 문득 경제를 좀 알아야겠다는 생각이 들었습니다. 처음으로 펴든 경제 신문은 꼭 외국어를 소리만 따서 한국말로 옮겨놓은 것 같았습니다. 비관측경제, 노동생산성, 담보인정비율, 단일금리방식, 래퍼곡선…. 경제 문해력이 없는 저는 경제에 관한 글을 읽기 어려웠고, 경제에 관한 글을 읽지 못하니 경제 분야에 문외한이 되는 악순환이 일어났습니다. 경제 문해력을 높이는 방법은 단 하나, 경제 공부였습니다. 경제용어사전 창을 띄워놓고 어려운 경제용어를 하나하나 찾아가며 공부하기 시작했습니다. 문해력을 높이는 방법은 공부밖에 없었습니다.

20년간 초등학교에서 수많은 초등학생을 지켜보면서, 아이들이 공부를 싫어하는 가장 큰 이유는 공부를 못하기 때문이라는 걸 깨달았습니다. 그리고 공부를 못하는 원인을 문해력에서 찾았습니다. 모든 아이가 공부를 잘해야 한다고는 생각하지 않습니다. 예체능처럼 공부도 적성이 있어서, 들인 노력에 비해 성적이 높거나 낮게 나오는 아이가 있다는 것도 압니다. 다만 교과서를 읽고 이해하는 문해력을 갖춘 아이가 적극적으로 수업에 참여하여 재미를 느낄 수 있기에, 수업에서 성취감을 느낀 아이가 학교도 즐겁게 다닐 확률이 높기에 엄마이자 초등학교 교사로서 문해력을 강조할 뿐입니다.

문해력을 키우는 공부, 공부를 돕는 문해력에 관한 이 책의 초안은 문해력이 교육계의 키워드가 되기 전에 완성했습니다. '하루 3줄 글쓰기'를 마친 아이와 과목별 글쓰기를 하고, 시행착오를 정리할 때쯤 문해력이 화제로 떠올랐습니다. 관심사에 편승하려고 이 책을 집필하지 않았다는 진심을 전하고 싶어서 이 책을 일찍이 기획했다는 말이 자꾸 길어지나 봅니다. 평범한 초등학생 아들 둘을 둔 엄마로서 아이들이 원하는 바가 생겨 공부하고 싶을 때 아이들에게 가장 필요한 능력이 무엇일까 고민했고, 그 고민의 끝에는 문해력이 있었다는 사실을 한 번 더 강조하며, 책의 대강을 안내합니다.

1장에서는 문해력에 방점을 찍고 집에서 아이들과 공부를 시작한 이유와 방법을 소개했습니다. 왜 글쓰기가 문해력의 끝판왕이라고 생각하는지도 조심스럽게 제시합니다. 모두가 알고 있지만 그냥 넘어가기 어려운 독서의 중요성과 방법도 한번 짚어보았습니다. 무엇보다 아이와 함께 고전을 읽은 이야기, '하루 3줄 글쓰기'에 이어 『초등 독서평설』과 어린이 신문을 활용하여 날마다 글을 쓰면서 문해력을 높인 예가 다른 아이들에게도 도움이 되길 바라며 1장을 집필했습니다.

2장에는 집에서 아이와 함께 국어, 영어, 수학, 사회, 과학을 공부한 이야기를 썼습니다. '엄마표'라는 말이 버거운, 게으른 엄마인 제가 굳이 아들 둘을 옆에 끼고 집에서 각 과목을 공부한 이유는 무엇일까요? 아이들과 책상에 앉을 때면 때때로 열이 올라 목구멍이 화닥화닥하고 속이 터지는데도 학원에만 공부를 맡기지 않고(못하고) 직접 챙길 수밖에 없었던 원인이 '과목별 글쓰기'에 있다는 걸 알고 읽으면 2장을 좀 더 잘 이해할 수 있습니다.

3장은 아이가 클수록 점점 더 어려워지는 마음 보듬기와 습관 다지기에 관한 내용입니다. 하는 짓은 아직 어린아이 같은데도 자기는 다 컸다며 수시로 감정이 격해지는 아이와 대화하기 위해 기울인 노력을 담았습니다. 유치원부터 이어온 집공부 습관과 예체능 이야기, 아이를 학원을 보내기 전에, 혹은 학원에 보내면서 부모가 챙겨야 할 부분에 관한 경험과 의견도 꼭 전하고 싶었습니다.

한 분이라도 자녀와 마음을 나누는 글쓰기를 시작할 수 있기를 바라며 『하루 3줄 초등 글쓰기의 기적』을 썼듯, 문해력의 중요성을 절감하면서도 방법을 몰라 헤매는 단 한 분에게라도 제 글이 도움이 되기를 열망하며 이 책을 썼습니다. 책을 덮고 바로 자녀와 문해력 공부를 실천할 수 있으려면 구체적인 예시가 필요하다는 판단으로 어쩔 수 없이 이번에도 우리 집 아이들과 함께 공부한 흔적을 책에 실었습니다. 읽는 분들께 미리 양해를 구합니다.

보통엄마와 보통아들 둘의 집공부 이야기를 담은 이 책에는 특출한 내용이 없어 세상에 내놓기가 민망했습니다. 글을 쓰는 내내, 초고를 다 쓰고 교정을 거듭하면서도 '아빠 엄마표 공부를 훌륭하게 하는 학부모가 얼마나 많은데, 이 정도 했다고 책을 내도 되나?' 하며 냉가슴을 앓았습니다. (지금도 그렇습니다.) 그러나 쉽고 단순해야 따라 해볼 마음도 생긴다는 편집자의 의견과 주변의 말에 힘을 얻어 이렇게 또 한 권의 책을 출간하게 됐습니다. 엄마로서 감당하기 어려운 면이 점점 늘어나는 아들 둘의 필요를 채워주고, 묵묵히 가족을 위해 헌신하는 남편에게 존경과 고마움을 표현하고 싶습니다. 무뚝뚝한 딸이자 며느리를 한결같이 지지해주시는 양가 부모님과 가족에게도 서면을 빌려 사랑의 마음을 전합니다. 무엇보다 학교와 학원 숙제를 마치고, "으악, 집 숙제가 남았다!" 하고 괴로워하면서도 엄마와 성실하게 글쓰기 공부를 함께 해 온 두 아들과 이 책의 보람을 나누고 싶습니다.

책 제목 끝자락에 붙은 '기적'이라는 단어가 낯간지러워서 꼭 붙여야 하는지 편집자에게 문의한 적이 여러 번입니다. 이번에도 어김없이 책 제목에 포함됐습니다. 제가 뭘 잘해서 붙은 게 아니라 아이 하나하나가 기적이기에, 기적처럼 나에게 온 아이를 품고 키우는 이야기를 담은 책이기에 '기적'이 따라왔다고 여기고, 부담스러운 마음에 계속 밀어내던 낱말 하나를 품으려고 합니다. 모든 아이와 부모님에게도 기적을 품은 건강과 평안함이 깃들기를 염원합니다.

윤희솔

2장   초등 과목별 글쓰기 공부법

3장   초등 집공부를 성공으로 이끄는 마음 습관

글쓰기 집공부에 더해 꼭 챙겨야 할 것들

공부머리 완성하는
초등 문해력의 기적

아이의 학습 능력, 문해력이 답이다

"엄마, 이거 보세요. 교과서가 엄청 많아요!"

아이가 초등학교 3학년 교과서를 받아온 날, 교과서를 책상 위에 펼쳐놓으며 말했습니다. 우리 아이도 이제 교과 공부를 시작할 때가 된 겁니다. 유치원과 초등학교 저학년 시기를 함께한 '하루 3줄 글쓰기'는 제가 목표로 했던 '아이와 마음 나누기, 독서, 공부 습관 다지기'의 기틀을 마련할 수 있게 해주었습니다. 욕심부리지 않고 아이와 날마다 책을 읽고 글을 쓰면서 기초 문해력을 잡았듯, 공부도 그렇게 천천히 아이의 속도에 맞춰 '하루 3줄 문해력 키우는 집공부'로 이어가야겠다고 마음

먹었습니다.

하루 3줄 글쓰기는 뚜렷한 목표 덕분에 옆길로 새지 않고 꾸준히 이어올 수 있었습니다. 글쓰기의 맥을 이어가는 교과 공부도 목표를 정해야 했습니다. 세상은 무서운 속도로 하루가 다르게 변하고 있고, 더 빠르게 변화할 21세기를 살아갈 우리 아이들에게 옛날 사람인 엄마가 무엇을 해줄 수 있을까 고민이 되었습니다. "4차산업혁명 시대 학생들은 기존 세대의 경험과 지식을 배워서는 미래를 준비할 수 없는 인류 역사상 첫 세대가 될 수도 있다."[1]는 4차산업혁명 관련 논문의 한 문장이 가슴에 콕 박혔습니다. 내가 알고 있는 것으로는 내 아이와 학생들의 미래를 준비시킬 수 없다는 절박함에 국내외 보고서와 학술지, 책, 신문 기사, 유튜브를 찾아보기 시작했습니다.

먼저 경제 분야가 가장 기민하게 사회를 반영하기에, 세계경제포럼World Economic Forum에서 발표한 「미래 일자리 보고서 2020 The Future of Jobs Report 2020」을 찾았습니다. 교사로서, 두 아이를 둔 엄마로서 제일 눈에 띈 것은 끊임없이 학습해야 한다는 내용이었습니다. 세계적인 기업에서는 2020년 기준으로 62%의 직원에게 재교육과 숙련도 향상 교육을 제공하고 있으며, 2025년에는 교육 대상을 전 직원의 73%까지 올릴 것이라고 밝혔습니다. 실업률은 높아지고, 영구적으로 사라지는 일자리는 점점 늘어나는 반면, 새로운 분야의 인력을 구하지 못해 어려움을 겪는 양극화 현상이 더 심화될 전망입니다. 일자리 창출이 일자리 파괴보다 뒤처지고 있으며, 새로운 기술을 익히지 못하는 인력은 실직

할 것이라는 보고서의 결론은 참 냉혹했습니다.

보고서를 읽고 나니 아이들에게 필요한 능력은 '학습 능력'이라는 걸 새삼 깨달았습니다. 초 단위로 쏟아지는 새로운 정보와 기술 때문에 평생 학습을 할 수밖에 없으니까요. 자기주도적 학습 능력은 지금 당장 학교 성적을 올리는 데만 필요한 것이 아니라 미래 일자리와도 밀접한 관계가 있습니다. 아이가 스스로 학습할 수 있는 능력을 길러주는 것이 지금 할 일이었습니다.

그런데 문득 '내가 너무 뜬구름 잡는 건 아닌가? 당장 아이가 학교에서 배우는 내용을 잘 이해해야 학교 다니기도 재밌고, 자신감도 생길 텐데?' 하는 생각이 들었습니다. 각종 보고서와 책, 신문 기사를 내려놓고, 다시 초등학생 학부모로 돌아왔습니다. 아이가 새로 받아온 교과서를 폈습니다. 작년보다 교과서의 수도, 글의 양도 많아졌고, 어휘 수준도 부쩍 높아졌습니다. 6학년 교과서를 보니 글자는 더 작고 빽빽합니다. '초등학교 교과서도 이렇게 빽빽하니, 중고등학교 교과서는 더 어렵겠네. 다 읽고 이해할 수 있으려나?' 벌써 걱정이 되었습니다. 제 걱정은 결국 대학 입시까지 흘러갔습니다. 저도 어쩔 수 없는 대한민국 초등학생을 둔 학부모니까요.

대한민국 초중고등학생 대부분은 대학 입시를 향해 달리고 있습니다. 늦은 밤에도 많은 학생으로 분주한 학원가, 대로변에서 차선 몇 개를 차지한 학원 자동차, 학원에서 나와 다시 스터디 카페로 향하는 아이들⋯. 대학 입시가 아니라면 설명하기 힘든 풍경입니다. 20년간 초등학교에 근무하면서 대학교에 가지 않겠다고 하는 학생을 단 한 명도 만난 적이 없으니, 절대다수의 학생과 학부모는 대입을 목표로 공부하는 게 맞겠죠.

검색 한 번으로 수만 건의 논문과 학술지를 열람하고, MOOCMassive Open Online Course 등으로 국경과 학문의 경계를 넘나들며 전공 강의를 듣는 지금의 모습을 보면 형식적인 고등교육이 사라질 거라는 전망도 일리가 있어 보입니다. 그러나 저는 기술이 발전할수록 수학과 과학 같은 기초학문은 더욱더 중요해지고, 인공지능과 로봇의 활약 속에서도 인문학은 더 힘을 발휘할 것이라고 확신합니다. 방법의 차이가 있을 뿐, 학습은 미래에 더 활발하게 일어날 겁니다. 입시 위주의 교육과 과열된 사교육으로 비판받고 있지만, 초중등교육의 목적과 방향은 평생 학습을 하게 될 우리 아이들에게 필요한 역량과 기초 지식을 기르는 쪽으로 향하고 있으며, 그 마지막에 대학수학능력시험이 있습니다. 대학 입시 정책과 대학 교육이 앞으로 어떻게 변하든, 평범한 대한민국 학부모인 제가 교육의 방향을 잡기 위해 1순위로 봐야 할 자료는 수능 문제라고 판단했습니다. 한국교육과정평가원 홈페이지에서 수능 기출문제를 내려받아 국어 영역부터 훑어보기 시작했습니다.

수능 기출문제를 과목별로 보면서 가장 눈에 띈 건 제한 시간 내에 읽어야 하는 텍스트의 양이었습니다. 국어와 영어는 말할 것도 없고 사회, 과학, 심지어 수학도 문제의 길이가 길었습니다. 문제를 제대로 읽고, 이해하는 것만도 힘들었습니다. 이런 문제를 푸는 우리나라의 고등학생이 짠하면서 대견했고, 한편으로는 천둥벌거숭이 같은 아들 둘이 10년 후에 이런 문제를 풀어낼 수 있을까 염려되었습니다. 공부할 때도, 시험을 볼 때도 필요한 건 결국 읽고 이해하는 능력이었습니다.

2025학년도부터 고교학점제, 전 과목 절대평가제, 미래형 대학수학능력시험 등이 적용될 예정입니다. 아직 구체적인 윤곽이 드러나지는 않았지만, 논·시술형 문제를 포함한 수능이 논의되고 있으며 논·서술형 수행평가를 확대할 예정이라는 교육부의 발표를 보면 읽고 이해하는 능력과 아는 것을 논리적인 글로 쓰는 능력이 점점 더 중요해질 것입니다.

미래 사회를 예견하는 여러 가지 자료, 지금 당장 아이들이 읽고 공부하는 교과서, 대학 입학의 마지막 관문인 대학수학능력시험이 가리키는 방향은 하나였습니다. 바로 문해력이었습니다. 문해력이란 '글을 읽고 이해하는 능력'입니다. 수많은 정보 중에서 중요한 것, 정확한 것, 가치 있는 것을 변별하고, 창의적으로 문제를 해결하는 능력은 글을 읽고 이해하는 것에서 시작합니다. 미래 인재의 핵심 역량으로 꼽히는 창의력과 문제해결력 또한 학습한 지식과 탐구 과정이 바탕에 있어야 제대로 발휘할 수 있습니다.

우리 아이들이 살아갈 미래 사회의 모습, 대학 입시와 학교 공부의 공통분모는 문해력이었습니다. 그래서 집공부의 목적과 방향을 문해력에 두었습니다. 문해력은 하루아침에 길러지지 않기에, 아이와 글쓰기를 했던 것처럼 차근차근 쌓아가기로 했습니다. 마음을 나누는 대화의

하루 3줄 초등 문해력의 기적

끝에 하루 3줄 글쓰기가 있었던 것처럼 학습한 내용을 체화하고 그 결실이 문해력 공부로 나타나기를 바라며 한 과목씩 특성에 맞는 글쓰기 공부를 시작했습니다.

질문으로 시작하는 공부가 오래간다

하루 3줄 글쓰기가 습관이 된 아이는 매일 무언가를 쓰는 것이 일상이 되었습니다. 그래서인지 학교에서 배운 내용을 요약해서 쓰는 집공부를 거부감 없이 받아들였습니다.

집공부는 학교에서 배운 내용의 복습이 기본이었습니다. 학교에서 배운 지식을 교과서 안에 박제된 지식이 아니라 아이의 삶과 밀접한 지식으로 만들고, 아이가 자발적으로 공부를 하도록 도우려면 어떻게 해야 하나 고민하다가 서울대학교 정치외교학부 김영민 교수의 글이 눈에 들어왔습니다.

"먹어도 살이 잘 안 찌는 체질 같은 건 없을지 몰라도, 공부해도 지식이 잘 안 찌는 체질은 있다. 자발성이 장착되어 있지 않은 사람이 바로 그렇다. 아무리 지식을 퍼먹어도 머리에 남지 않고 밖으로 빠져나간다."[2]

지금은 엄마가 하자는 대로 이끌려 공부하지만, 몇 년 후에는 아이가 공부할 이유를 찾고 스스로 공부하기를 바랐습니다. 그래서 아이에게 "왜?"라고 질문을 던지기 시작했습니다.

① 이건 왜 배울까?

우리 아이는 이제 저와 교과서를 펴면 한숨을 쉬면서 "이건 왜 배우냐, 왜 이렇게 됐냐, 이게 우리랑 무슨 상관이냐고 물어보실 거죠?" 하고 묻습니다. 집공부의 첫 질문은 학습 목표에 '왜'를 붙입니다. "왜 이야기 속 인물의 마음을 헤아리며 글을 읽어야 할까?" "분수의 곱셈은 왜 배울까?"처럼 뜬금없는 질문이니 아이가 한숨을 쉴 만도 합니다. 정답이 없을 때가 많지만 배움의 이유를 찾길 바라며 질문합니다.[3]

하루는 "세계화가 우리 생활에 미친 영향을 왜 알아야 할까?" 하고 물었습니다. 아이는 그럴 줄 알았다는 듯한 표정으로 고민하다가 "세계화가 우리 생활에 미친 영향을 알아야 긍정적인 영향은 더 확대하고, 부정적인 영향은 대비할 수 있으니까요."라고 답했습니다. 1년 반 만에 처음으로 그럴듯한 답을 들었던 날이라 더 생생하게 기억납니다. 그 이후로도 "교과서에 나오니까 공부하는데 왜 공부하냐고 그만 물어봐요. 그건 교과서 쓴 사람한테 내가 묻고 싶다니까요." 하는 짜증 섞인 답을 듣는 날이 더 많습니다. 그래도 아이가 배움의 목적을 찾기를 바라면서 첫 질문은 '왜?'로 시작합니다.

② 왜 이렇게 됐을까?

큰아이가 어느 날 수학학원에서 푼 문제를 가져와서는 자랑스럽게 "엄마, 저 분수의 나눗셈도 할 줄 알아요." 하고 내밀었습니다. 우선 흐드러지게 칭찬하고 "분수의 나눗셈은 왜 이렇게 푸는 거야?" 하면서 '$1 \div \frac{1}{2}$'을 그림으로 그려서 설명해 달라고 했습니다. 마침 동생이 옆에 있어서 분수의 나눗셈을 가르칠 기회를 주었습니다.

큰아이 $6 \div 3$은 뭐야?

작은아이   2.

큰아이   맞아. 왜 2야?

작은아이   6을 똑같이 3개로 나누면 2니까.

큰아이   맞아. 6개의 사탕을 3개씩 나눠 먹으면 몇 명이 먹을 수 있어?

작은아이   2명.

큰아이   그렇지. 그러니까 이 나눗셈도 똑같아. 1개를 $\frac{1}{2}$씩 나눠 먹으면 몇 명이 먹을 수 있냐는 문제야. (그림을 그리며) 사과 1개를 $\frac{1}{2}$씩 나눠 먹으면 몇 명이 먹을 수 있어?

작은아이   2명. 아, 그래서 답이 2구나!

분수의 나눗셈은 나눗셈을 곱셈으로 바꾸고, 분수의 분자와 분모를 바꾸면 된다는 풀이 과정을 외우는 것이 아니라 '왜 이렇게 풀지?' 하고 고민해야 개념을 제대로 알 수 있습니다.

　암기과목이라고 알고 있는 사회도 "왜 이렇게 됐지?" 하고 질문하면서 배우면 사회현상을 더 깊이 이해하고 잘 외울 수 있습니다. 과학은 '지진은 왜 일어날까?' '거울은 왜 반대로 보일까?' '하늘은 왜 파랗게 보일까?' 등 '왜?'의 학문입니다.

③ 만약에? 너라면?

　"만약에 중력이 사라진다면 어떤 일이 일어날까?" "네가 이때 살았다면, 어떻게 살았을 것 같아?" "네가 이 주제로 글을 쓴다면 어떻게 쓰겠니?"

　'만약에?'라는 질문은 인과관계를 깊숙이 탐구하게 합니다. 여러 가지 경우의 수와 그에 따른 해결 방법도 찾을 수 있습니다. '나라면?'으로 시작하는 상상은 지식을 자신의 삶으로 훅 끌어들이는 힘이 있습니다.

　집공부는 배운 내용을 설명하고 질문하고 답하며 시작합니다. 흡족한 답이 나오는 날은 얼마 되지 않지만, 답이 중요하지는 않기에 실망하지 않고 질문합니다. 아이가 '알았으니 됐다'라고 끝내지 않고, 질문을 이어가며 탐구하기를 바라며 질문합니다.

과목	교과서에 제시된 학습 문제의 예	집공부 질문의 예
국어	글을 읽고 중심 생각 찾기	· 이 글의 중심 생각은 뭐야? · 이 낱말의 뜻을 국어사전에서 찾아보자 · 네가 이 중심 생각을 나타내기 위해 글을 쓴다면 어떻게 쓸까? · 글의 중심 생각은 어떻게 찾을 수 있을까? · 중심 생각을 효과적으로 나타낼 다른 방법은 무엇일까?
수학	분모가 다른 분수의 크기를 비교해 볼까요	· 분모가 다른 분수의 크기는 어떻게 비교해? · 왜 그렇게 비교하는데? · 다른 방법은 없어? · 이건 어디에 활용할 수 있어? · 분모가 다른 분수의 크기는 언제 비교할까? · $\frac{6}{10}$ 이 $\frac{3}{10}$ 보다 큰 이유는 무엇일까?
사회	고구려, 백제, 신라의 성립과 발전 과정 알아보기	· 고구려, 백제, 신라의 성립과 발전 과정을 설명해 줘 · 왜 이런 일이 일어났을까? · 이 지도는 뭘 나타내고 있어? · 그 시기에 다른 나라에서는 무슨 일이 일어나고 있었을까? · 만약에 고구려/백제/신라가 ○○○ 했다면?
과학	산성 용액과 염기성 용액을 섞으면 어떻게 될까요	· 산성 용액과 염기성 용액을 섞으면 어떻게 돼? · 처음에는 어떻게 될 거라고 예상했어? · 이 실험에서 같게 해야 할 조건과 다르게 해야 할 조건은 뭐야? · 결과는 어떻게 정리하는 게 좋을까? · 왜 용액의 성질을 배울까?

공부의 틀을 완성하는 과목별 글쓰기

과목의 특성에 따라 효과적으로 공부하는 방법을 아이와 함께 찾았습니다. 국어는 정리할 개념이나 모르는 낱말이 차시마다 나오지는 않습니다. 다만, '자신의 경험을 글로 써요'의 단원을 배우고 나면, 아이가 자신의 경험에서 인상 깊은 일을 글로 쓸 줄 알아야 합니다. 국어 시간에 배운 대로 언제, 어디에서, 누구와 있었던 일인지, 무슨 일이 있었는지, 어떤 마음이 들었는지, 그 일을 겪고 나서 달라진 생각이나 느낌까지 써야 진짜 그 단원을 제대로 배운 거죠. 국어 집공부는 주로 아이가 교과서에 쓴 글을 같이 읽으면서 고쳐 쓰거나 다시 쓰는 방식으로 정리했습니다.

영어는 평소 사용할 기회가 없는 외국어이기에, 노출 시간을 확보하는 데 신경을 썼습니다. 영어 문해력을 중심으로 가르치는 훌륭한 영어 선생님을 만나 우리 아이들도 영어학원에 다니고 있지만, 집에서도 영어 음원과 동영상을 활용해 영어를 접하게 했습니다. 듣기, 말하기, 읽기, 쓰기를 한번에 할 방법이 없을까 고민하던 중 음원이 있는 영어 책을 듣고, 음원에서 나오는 대로 말하고, 그 내용을 읽고 외워 쓰는 활동을 구안했습니다. 아이가 유치원 때부터 해오던 활동이라, 읽어야 할 문장의 난이도만 조금 높였을 뿐 그대로 이어갔습니다.

우리 아이도 수학학원에 다니고 있지만, 지금 배우고 있는 내용을 진짜 알고 있는지 확인하고 채워줄 필요를 느꼈습니다. 제가 근무하는 학교의 거의 모든 학생이 선행학습을 하고 있습니다. 하지만 6학년에게 분수의 나눗셈을 왜 그렇게 풀어야 하는지 설명하라고 하면 제대로 설명하는 학생이 한 반에 다섯 명도 되지 않습니다. 쉬는 시간마다 고등학교 수 I 문제집을 푸는 아이도 마찬가지였습니다. 수학은 선수학습을 잘 알고 있는지 확인해야 본학습을 튼튼하게 할 수 있고, 후속학습으로 자연스럽게 넘어갈 수 있습니다. 분수의 개념을 정확히 알고 있어야 분수의 사칙연산을 할 수 있고, 다각형의 성질을 완전히 이해해야 다각형의 둘레와 넓이를 구할 수 있는 것처럼 말입니다. 그래서 수학 집공부는 개념과 원리를 아이의 말로 설명하고, 공책에 정리하는 방식으로 진행했습니다. 선수학습 내용을 잘 기억하지 못할 때는 공책을 보고 확인하면 훨씬 이해가 빨랐습니다. 무엇보다 개념을 자신의 말로 설명하고 정리해서 쓰면 더 명확히, 오래 기억했습니다.

사회는 차시마다 알아야 할 개념이 나옵니다. 교과서를 이야기책처럼 읽고 지나가면 남는 게 없습니다. 사회 교과서를 톺아보고 삽화, 지도, 도표까지 짚고 넘어가려니 시간이 너무 오래 걸렸습니다. 중요한 내용을 제대로 정리하려면 삽화, 지도, 도표까지 써야 하는데, 그러면 아이도 저도 고생스러웠습니다. 학기 중에는 교과서 읽기와 문제집 풀이만 했습니다. 방학 때 한 학기 학습 내용을 정리하고, 사회 관련 책을 찾아 읽었습니다.

과학도 차시마다 새로운 개념과 원리가 나옵니다. 과학은 과학 지식만큼 탐구 과정도 중요하므로, 탐구 과정을 정리해서 쓰는 습관을 들여야 합니다. 과학은 탐구 과정과 배운 내용을 정리해서 쓰는 실험관찰 교과서가 있어서 공책을 따로 만들 필요가 없습니다. 학기 중에는 교과서 읽기, 실험관찰 꼼꼼히 정리하기, 과학 문제집 풀기가 전부였습니다. 다만, 과학교육과정은 과학 글쓰기가 빈약해서, 방학 중에는 과학 탐구 보고서를 한두 편씩 썼습니다.

이렇게 아이와 함께 과목별로 시행착오를 거듭하면서 집공부의 기본 틀을 만들었습니다. 그리고 모든 과목의 학습 과정이나 마무리에 빠지지 않고 등장하는 게 있습니다. 바로 글쓰기입니다. 목적을 문해력에 두고, 아이가 혼자 공부할 능력과 동기를 가지도록 계획한 최고의 집공부는 결국 하루 3줄로 시작한 글쓰기 공부였습니다.

글쓰기 집공부를
해야 하는 이유

"문자로 정리하기 전까지는 내 것이 아니다."

유시민 작가는 공부와 글쓰기에 관한 강연에서 이렇게 말했습니다. 제대로 이해했는지 확인하려면 새로 얻게 된 지식, 감정, 생각을 글로 써보면 알 수 있습니다. 공부도 '문자로 정리'해야 내 것이 됩니다. 아이들은 어디서 들어봤으면 그냥 안다고 치고 넘어갑니다. 안다고 말하는 것도 물어보면 모를 때가 많습니다. 과목과 내용에 따라 문자, 그림, 도표, 지도, 음표 등 표현 방식은 다르겠지만 배운 내용을 설명하고 쓸 줄 알아야 진짜 아는 겁니다. 학습 전문가와 입시 전문가가 입을 모아 추천하는 '백지 인출 학습법'도 결국 쓰기입니다. 백지에 자기가 아는 것을 써보면, 진짜 아는 것이 무엇이고, 모르는 것은 무엇인지를 깨닫습니다. 그래야 공부할 내용을 찾고, 학습 방법이 올바른지를 판단할 수 있습니다.

저는 집공부의 목표를 문해력으로 잡았습니다. 우리 아이들이 뛰어났더라면 동네에서 유명한 누구네 아들딸처럼 '초등학교 졸업 전까지 수Ⅰ과 수Ⅱ 끝내기'나 '토플 ○○○점 맞기'를 위해 달렸을 수도 있습니다. 하지만 우리 아이들은 평범했기 때문에 나중에 공부하고 싶은 마음이 들 때, 혼자 교과서를 읽고 공부할 수 있게만 도와주자는 목표를 세웠습니다. 그러다 보니 자연스럽게 교과서와 책 읽기를 같이 하며 학습 상황을 확인하는 방법을 알려주기 시작했습니다.

교과서의 목차를 보면 이번 학기에 뭘 배우는지 알 수 있고, 각 단원의 시작에는 배울 내용이 제시되어 있습니다. 또 교과서 제일 상단에 제시된 '~하여 봅시다'는 학습 목표이므로 수업이 끝나고 나서 '나는 ~를 할 수 있나?' 스스로 묻고 점검하면 됩니다.

그런데 아이들은 학교에서 배우고, 교과서에 있는 학습 문제를 다 풀었는데도 "이건 왜 배운 걸까?" "설명해볼래?" "이전 시간에 배운 거랑 무슨 관련이 있는데?" 등 질문을 하면 멍해졌습니다. 평범한 우리 아이는 교과서를 읽고 문제를 푸는 것만으로는 학습 내용을 자기 것으로 만들지 못했던 겁니다. 수동적으로 배우기만 한 내용은 손에 쥔 모래처럼 시간이 흐르면 모두 새어나갑니다. 자기 것으로 만들기 위한 집공부가 필요했습니다. 다시 글쓰기를 시작했습니다.

글쓰기 집공부의
여섯 가지 효과

아이와 글쓰기로 집공부를 하면서 느낀 효과는 다음과 같습니다.

첫째, 집중력이 높아집니다. 듣거나 읽으면서는 딴생각을 할 수 있지만 글을 쓸 때 딴생각을 하면 글이 나오지 않습니다. 배운 내용을 최선을 다해 기억해내고, 곱씹어보고, 정리해야 글을 쓸 수 있습니다. 집공부의 방법과 결과가 글쓰기니, 얼른 끝내고 놀고 싶으면 집중할 수밖에 없습니다. 집중력을 끌어내는 방법은 집공부가 끝나고 난 뒤의 달콤한 게임 시간과 더불어 집중해야만 끝나는 글쓰기 그 자체였습니다.

둘째, 배운 것을 확실히 알게 됩니다. 배운 것을 정리하고, 글을 쓰려면 잘 듣고 읽어야 합니다. 막연하게 아는 내용은 쓰기가 어렵습니다. 분명히 다 읽은 책인데, 독서 감상문을 쓸 때 다시 책을 읽어야 했던 경험을 해봤을 겁니다. 말은 두루뭉술하게 얼버무릴 수 있지만, 글은 얼버무리면 완성이 안 됩니다. 잘 모르는 내용은 한 문장도 쓰기 힘듭니다. 글을 쓰면 내가 아는 것과 모르는 것을 더 정확하고 확실하게 알게 됩니다.

셋째, 공부할 내용 전체를 조망하고 관계 짓는 힘을 갖습니다. 글쓰기는 쓸거리를 취사선택하는 과정입니다. 전체를 봐야 어떤 내용을 어떻게 정리해서 쓸지, 어떤 내용을 생략해도 괜찮은지 결정할 수 있습니다. 먼저 숲을 보고, 나무가 숲의 어디에 있는지를 파악하는 공부가 뇌과학적으로도 효율적입니다. 독일의 대표적인 신경과학자 마르틴 코르테Martin Korte 박사는 『성취하는 뇌』에서 슈퍼마켓의 진열대와 도서관의 책이 정렬된 방법처럼 "개요를 파악하는 방식은 학습에 매우 효과적"이라고 단언합니다. 이미 알고 있는 내용과 학습한 내용을 관계 짓고, 비슷한 점, 다른 점, 새로운 점을 찾으면서 신경회로를 동원하고 발달시키기 때문입니다.

넷째, 공부한 것을 오래 기억할 수 있습니다. '어렵게 공부해야 오래 남는다'는 『어떻게 공부할 것인가』에서도 말하는 방법입니다. 저명한 심리학자이자 미국 워싱턴대학교의 교수인 헨리 뢰디거Henry Roediger와 마크 맥대니얼Mark McDaniel, 영국 출신 기자 피터 브라운Peter Brown이 공저한 이 책에서는 더 잘 배우고, 더 잘 기억하고, 필요할 때 즉각 활용할 수 있는 최고의 학습법으로 글쓰기를 소개합니다. 글쓰기는 어렵습니다. 글쓰기는 듣기, 읽기, 말하기보다 시간이 훨씬 오래 걸립니다. 실제로 아이와 제가 시간이 없거나 잘 안다고 생각해서 쓰지 않고 넘어간 부분은 나중에 구멍이 생겨 있었습니다. 어렵게 공부해야 남는다는 걸 직접 경험한 후로는 아이도 군말 없이 썼습니다.

다섯째, 글을 쓰면서 공부하면 어휘가 늡니다. 어휘의 중요성은 이미 수많은 언어학자가 언급했습니다. 굳이 어휘 관련 연구를 찾지 않아도 누구나 영어를 배우면서 어휘가 얼마나 중요한지 절실하게 느꼈을 것입니다. 문법은 몰라도 말은 통하지만, 단어를 모르면 아예 대화가 안 됩니다. 공부는 개념을 알아가는 과정입니다. 특히 수학, 사회, 과학은 개념이 중요합니다. 개념을 정리하면서 자연스럽게 어휘가 늘고, 어휘가 늘면 이해의 폭도 넓어집니다. 글을 쓰면서 확실하게 알게 된 개념은 필요할 때 즉각 활용할 수 있습니다.[3] 글쓰기는 실제로 사용하는 어휘를 늘리는 가장 좋은 방법입니다.

마지막으로, 글쓰기는 글을 보는 눈을 갖게 해줍니다. 집공부를 할 때 배운 내용을 잘 이해하고 기억하려고 글을 쓰듯이 모든 글에는 글쓴이의 의도가 있습니다. 교과서를 읽고, 배운 내용을 요약하고 정리하면서 아이는 교과서를 분석해서 읽을 수 있게 되었습니다. 글의 성격에 따라 다르게 읽어야 한다는 걸 깨달은 겁니다. 글을 쓴 사람이 하고 싶은 말이 무엇인지, 왜 이 도표와 그래프가 필요한지를 생각하면서 읽습니다.

저는 감히 글쓰기를 문해력의 끝판왕이라고 말하고 싶습니다. 읽고 배운 내용에 관해 글을 쓴다는 건 완벽하게 이해했다는 걸 넘어 자신의 삶과 연관을 짓고, 더 발전시킬 여지가 있다는 뜻이니까요. 글을 쓸 때 필요한 집중력, 성실함, 어휘력, 전체를 조망하는 눈, 글을 이해하고 행간을 읽는 능력 모두 문해력에 필요한 요소입니다.

요약하며
복습하기

베껴 쓰기가 '가장 느린 독서'로 불리며 한동안 유행한 적이 있습니다. 지금까지도 어린이는 물론, 어른을 위한 필사책이 출간되고 있습니다. 하루 3줄 글쓰기에서 첫 두 줄은 베껴 쓰기였으니 저와 아이들 모두 베껴 쓰기의 덕을 톡톡히 보았습니다. 하지만 학창 시절에 볼펜 두어 개를 한꺼번에 잡고 아무 생각 없이 썼던 '깜지'나 '빽빽이'도 결국 베껴 쓰기였습니다. 베껴 쓰기만으로는 문해력을 키우기가 어렵습니다.

아이와 집공부를 할 때 가장 많이 하는 글쓰기는 '요약하기'입니다. 유시민 작가도 글쓰기를 발췌 요약부터 시작하라고 조언합니다. 우리 집도 배운 내용을 요약해서 쓰는 것이 주된 활동이라 '하루 3줄 집공부'라고 이름을 붙였습니다. 하루 3줄이라고 하니 부담이 없어 아이도 흔쾌히 시작했지만, 요약하기는 생각보다 어렵습니다. 과목과 내용에 따라 요약하는 방법도 다릅니다. 요약하려면 중요한 내용을 가려낼 줄 알아야 하고, 학습 주제에 맞는 내용을 골라야 합니다. 중요한 내용은 학습의 흐름을 파악하고 있어야 보입니다. 그래서 처음 한 달은 교과서 목차부터 보기 시작해서 아이 옆에 붙어 하나하나 알려줘야 했습니다.

집공부는 방학 때 시작하기를 추천합니다. 아이와 같이 지난 학기를 복습하면서 요약하기를 해보세요. 방학이 시작되면 방 정리를 하면서 교과서부터 버리는 학부모님도 있습니다. 2월에 "아빠 엄마가 교과서 다 버렸어요." 하면서 교과서를 안 가져오는 학생이 많은 걸 보면 알 수 있죠. 교과서를 버리기 전에 아이와 함께 교과서를 읽고 요약해보세요. 새로 받은 교과서로 예습하면서 요약하면 안 되는지 묻는 분들도 있지만 새로운 내용을 공부하면서 요약하는 방법까지 배우려면 아이가 너무 버겁습니다. 무엇보다 교과서를 100% 활용해서 요약하려면, 복습이 좋습니다. 교과서를 100% 활용한 요약하기 방법은 사회 과목 집공부에서 확인하시기 바랍니다.

과목별로
에세이 쓰기

집공부에서 가장 공을 많이 들이면서도 힘든 글쓰기가 에세이Essay입니다. 집공부의 목적은 아이가 주제에 맞는 에세이를 쓸 수 있게 돕는 것입니다. 문해력의 끝판왕이 글쓰기라고 한다면 그 글쓰기의 끝에 에세이가 있습니다. 에세이를 가장 가깝게 표현한 우리말은 '논술'인데, 제가 의도하는 글은 논술만이 아니라서 에세이라고 썼습니다. 우리가 알고 있는 에세이는 수필, 즉 '일정한 형식을 따르지 않고 인생이나 자연 또는 일상생활에서의 느낌이나 체험을 생각나는 대로 쓴 산문 형식의 글'입니다. 제가 아이들과 시간이 날 때마다 쓰는 글은 수필이 아니라 유럽과 북아메리카의 단골 학교 숙제인 에세이입니다.

에세이는 크게 네 종류가 있습니다. 서사적인 에세이Narrative Essay, 설명하는 에세이Expository Essay, 묘사하는 에세이Descriptive Essay, 마지막으로 SAT, IELTS, TOEFL에서 쓰는 주장하는 에세이Argumentative Essay 입니다. 책을 읽고, 줄거리와 느낀 점을 쓰는 독서 감상문은 서사적인 에세이에 속합니다. 그런데 똑같은 책을 읽고, 그 책이 다른 작품에 어떤 영향을 주었는지 분석해 쓰는 글은 설명하는 에세이가 됩니다. 묘사하는 에세이는 오감을 동원해서 쓰는 글입니다. 생생하게 묘사하는 능력은 시, 소설, 시나리오, 생활 속 글쓰기는 물론 과학 글쓰기에도 강력한 힘을 발휘합니다. 주장하는 에세이는 우리가 알고 있는 '논술'입니다. 특정 주제에 찬성 또는 반대의 견해를 밝히고, 타당한 근거를 제시하고 설득하는 글입니다.

우리나라는 '논술'이라고 하면 주로 대입을 위해 치르는 논술시험을 떠올립니다. 그래서 초등학교 고학년쯤 되면 논술, 즉 주장하는 에세이를 쓸 줄 알아야 한다고 생각하는 학부모님이 많습니다. 글쓰기를 많이 하는 미국과 유럽에서는 초등학교 때 주장하는 에세이를 많이 쓰지 않습니다. 초등학교에서는 일기와 비슷한 저널Journal, 독서 감상문Book Report, 조사·관찰·실험 보고서를 많이 씁니다. 책을 읽고 요약하기, 주장을 읽고 공통점과 차이점 찾아 쓰기, 설명하는 에세이를 많이 써야 핵심을 파악하는 힘이 자라 논리적으로 주장하는 에세이를 쓸 수 있습니다. 유럽과 미국의 교육과정이 무조건 옳다는 뜻이 아닙니다. 초등학교 때부터 꾸준히 글을 쓴 아이들이 중고등학교 때 논술을 잘 쓰는 게 당연합니다. 더구나 대입 논술은 무작정 주장하는 글을 잘 쓰는지의 여부가 중요하지 않습니다. 해당 주제를 얼마나 정확히 알고 있느냐가 훨씬 중요합니다.

"많이 쓸수록 더 잘 쓰게 된다. 축구나 수영이 그런 것처럼 글도 근육이 있어야 쓴다. 글쓰기 근육을 만드는 유일한 방법은 쓰는 것이다. 여기에 예외는 없다."[4]

유시민, 김영하, 강원국, 무라카미 하루키, 말콤 글래드웰, 닐 스트라우스 등 수많은 작가들이 일단 뭐라도 써야 잘 쓸 수 있다고 말합니다. 꾸준히 근력운동을 하면 근육이 생기고 튼튼해지는 것처럼 말이죠. 글쓰기 근육도 자꾸 써서 튼튼하게 만들어야 합니다. 처음부터 무거운 덤벨을 들면 다칩니다. 근력운동을 시작할 때는 가벼운 덤벨을 들고 바른 자세와 호흡법을 배워야 다치지 않고 운동 효과도 좋습니다. 무엇보다 덤벨이 만만하니 어렵지 않게 반복해서 운동할 수 있습니다. 가벼운 덤벨에 익숙해져야 '이제 무거운 덤벨도 들어볼까?' 하는 마음이 생깁니다. 글쓰기 근육을 키울 때도 비슷합니다. 일기나 생활문같이 비교적 가볍고 쉬운 글을 쓰는 방법부터 배우고, 꾸준히 자꾸 써야 글쓰기를 두려워하지 않습니다.

그런데 우리나라에서는 초중고등학교 때는 다른 과목 공부에 밀려 글쓰기에는 전혀 관심이 없다가 입시에서 논술이 필요하니 그제야 부랴부랴 논술을 배웁니다. 근력운동이라곤 해본 적 없는 사람이 갑자기 무거운 덤벨을 들고 재주까지 부려야 하는 셈입니다. 논술시험을 보지 않고 대학에 입학했더라도, 대학을 졸업하려면 글쓰기가 필수입니다. 일기도 꾸준히 써본 적 없는 아이들이 대학교에 입학하자마자 쏟아지는 글쓰기 과제를 해야 하니, 얼마나 당황스럽고 힘들까요. 그러니 우리 나라의 명문 대학교 교수들도 대학생의 글쓰기 수준을 걱정하고, 유학생 대부분은 엄청난 읽기와 에세이 과제에 적응하느라 고통스러운 시간을 보낼 수밖에요.

집공부를 시작한 후로 아이가 바쁜 학기 중에는 주로 요약하기를 하고, 방학 때는 에세이를 씁니다. 에세이는 어려운 글이 아닙니다. 일기, 독서 감상문, 공통점과 차이점 쓰기, 설명하는 글쓰기, 과학 보고서 쓰기 모두 에세이입니다. 아이들은 학교에서 알게 모르게 에세이를 쓰고 있습니다. 집에서는 학교에서 배운 에세이를 한 번 더 점검해서 쓰는 것뿐입니다. 예를 들어 사회와 과학 시간에는 '○○○ 하기'를 주제로 계획서와 보고서 쓰기 활동을 합니다. 친절하게 계획서와 보고서 예시도 있습니다. 그럼 저는 아이와 함께 교과서에 나온 예시를 보면서 계획서를 쓰고, 조사, 답사, 실험, 관찰을 하고, 보고서를 써봅니다. 국어에서 편지 글이 나오면 편지를 쓰고, 설명하는 글이 나오면 설명하는 글을 쓰고, 주장하는 글이 나오면 주장하는 글을 씁니다. 교육과정에 나온 글을 쓰는 것이 가장 효과적인 에세이 쓰기입니다.

결국 하루 3줄 집공부는 요약하기와 에세이 쓰기가 전부입니다. 이제, 문해력을 높이기 위해 과목별로 어떻게 요약을 하고, 에세이를 쓰는

하루 3줄 초등 문해력의 기적

지 확인해보기를 바랍니다. '에세이'라고 하면 어렵다고 생각하고, 논술부터 떠올리는 분들이 많아 이후로는 '에세이'라는 용어를 '글쓰기'로 통일해 쓰고자 합니다.

학습은 읽기에서
시작된다

학습 전문가들은 책 읽기의 중요성을 강조합니다. 도대체 책 읽기와 공부 습관이 무슨 관련이 있을까요? 책을 읽을 때 머릿속에서 어떤 일이 벌어지는지 생각해보면, 바로 답이 나옵니다. '꽃'이라는 낱말을 읽으면 머릿속에 꽃이 그려집니다. 내가 알고 있는 다양한 꽃이 떠오릅니다. 꽃과 관련 있는 경험도 눈앞을 스르륵 스쳐갑니다. '꽃'이라는 낱말 하나를 읽었는데 꽃이 떠오르고, 꽃과 관련 있는 경험을 떠올리는 인지 활동이 일어납니다. 하지만 사진이나 영상으로 꽃을 보면, 눈앞에 꽃이 있으니 뭔가를 떠올릴 필요가 없습니다. 독서는 글로 표현한 추상적 사고를 머릿속으로 구체화하는 활동입니다. 동영상을 볼 때와는 달리 뇌를 많이 써야 합니다. 책을 읽으면 왜 이런 일이 일어났는지, 앞으로 어떤 일이 전개될지 등 비판적이고 분석적인 사고 과정이 복합적으로 일어납니다. 독서는 단순히 글을 읽는 활동을 넘어 사고의 깊이가 깊어지고 다른 이의 삶을 간접적으로 경험할 수 있는 적극적인 과정입니다. 책 읽기는 공부머리는 물론 마음까지 준비시키는 과정입니다. 무조건 자리에 앉아 있는 건 공부가 아닙니다. 아이가 스스로 책을 읽고 이해하고 적용하는 것이 공부죠. 문해력 없는 자기주도학습은 불가능합니다.

문해력 발달 시점은 아동기이며, 아동기에 성숙하지 못한 문해력은 청소년 문해력의 발달 격차로까지 이어집니다.[5] 중학생을 대상으로 한 읽기 능력과 국어, 도덕, 역사, 수학, 과학의 학업성취도 관계에 관한 연구를 보면, 읽기 능력이 좋은 학생이 학업성취도 또한 높은 것으로 나타났습니다.[6] 수학 부진 학생에 관한 연구에서는 일반 학생보다 수학이 부진한 학생의 읽기 능력이 부족하다는 결론을 내렸습니다.[7] 고등학교 1학년의 국어 능력과 사회과 학업성취도의 상관관계에 관한 연구에서는 국어의 읽기 능력이 사회과 학업성취도와 높은 상관관계를 가진 것으로 나타났습니다.[8]

문해력은 왜 다른 과목의 학업성취에도 영향을 주는 걸까요? 고려대학교 국어교육과 이순영 교수는 "독서 능력, 즉 문해력이 곧 학습 능력이며 적절한 독서 능력을 갖추지 못한 학습자는 학습 부진을 거쳐 학습 장애를 경험할 위험이 커진다."고 했습니다.[9] 모든 교과, 특히 내용 교과의 학습은 독서를 통해 이루어지기 때문입니다. EBS 다큐프라임 〈교육 대기획 – 다시 학교〉 10부작 중 가장 눈에 띄었던 제목은 '교과서를 읽지 못하는 아이들'이었습니다. 방송에 나온 아이들은 '최선책' '두문불출' '얼굴이 피다'와 같이 비교적 쉬운 어휘를 이해하지 못했습니다. EBS 〈당신의 문해력〉에서도 '가제'의 뜻이 '바닷가재'라고 답하는 중학생이 많았습니다. 바닷가재와는 전혀 상관없는 책에 관한 글에서 '가제'라는 낱말이 나온 걸 알았는데도 말입니다. 어휘를 모르고, 맥락을 통해 어휘의 뜻을 유추할 능력도 없는 학생이 혼자 교과서를 읽고 공부할 수는 없습니다. 교과서를 이해하지 못하니 수업은 재미가 없고, 학습 부진은 더 심해져서 자존감과 학습 의욕이 떨어지는 악순환이 반복되고 있었습니다. 확실히 학습 능력은 문해력에 달려 있습니다.

2020년, EBS에서는 중학생 2,400명을 대상으로 문해력 테스트를 했습니다. 27%가 중학생의 수준에 미치지 못했고, 초등학생 수준인 학생도 11%였습니다. 2020년부터는 코로나로 인해 비대면 수업이 늘어나면서 글로 전달하는 내용이 많아졌고, 문해력이 부족한 학생이 훨씬 눈에 띄었습니다. 학습과 과제 내용은 물론 등교일도 파악하지 못하는 학생이 많아 교사가 직접 가정으로 전화해야 했습니다.

우리나라는 익히기 쉬운 한글 덕분에 문맹률이 낮아서 문해력이 부족하다는 사실을 자각하기도 어렵고, 다른 사람이 알아채기도 힘듭니다. 글을 잘 읽으면 안심하기 마련이죠. 하지만 글을 읽어도 이해하지 못하는 '실질적 문맹' 학생들이 늘고 있습니다.[10] 실질 문맹을 예방하고, 해결하기 위해서는 어떻게 해야 할까요? 한 문해력 전문가는 지식의 생존 주기가 점점 짧아지는 미래 세대에는 문해력뿐 아니라 정서 안정을 위해서라도 독서 교육이 꼭 필요하다고 했습니다.[11] EBS 다큐프라임에서 문해력이 부족한 학생을 돕기 위한 프로젝트는 결국 어휘 학습과 글을 읽고 이해하는 능력을 기르는 과정이었습니다. 교과서를 스스로 읽고 이해할 수 있게 된 실험 참가자들은 자기주도학습능력도, 학업성취도도 높아졌습니다.

텍사스대학교 코니 주엘Connie Juel 교수는 초등학교 1학년 학생 129명의 읽기 능력과 쓰기 능력을 측정하고, 그 학생들이 4학년이 될 때까지 매년 읽기 능력과 쓰기 능력을 평가했습니다. 4년간 지속해서 평가에 응시한 학생은 54명이었고, 초등학교 4학년의 쓰기 능력을 예견하는 요소는 초등학교 1학년 때의 쓰기 능력이 아니라 읽기 능력이었습니다. 그러니 문해력을 높이고, 글을 잘 쓰기 위해서는 독서가 꼭 필요합니다. KBS의 한 기자는 여러 전문가의 조언을 인용하며 '꾸준한 독서'가 가장 손쉬운 해결책이라고 했습니다.[12]

독서 환경 만들기

'독서 환경'이라는 말을 들으면 무엇이 떠오르나요? 저는 거실에 책장이 있는 풍경이 가장 먼저 떠오릅니다. 책 읽기에 관심 있는 부모님은 TV 대신 책장을 거실에 놓고 책 읽을 분위기를 만듭니다. 책이 가까이에 있어야 독서를 할 수 있습니다. 그런데 책과 공간만큼 중요한 환경이 하나 더 있습니다. 바로 '분위기'와 '시간'입니다.

훌륭한 책이 가득 놓인 북카페 같은 환경을 만들어도, 더 중요한 집의 분위기는 사람이 만듭니다. 부모님이 독서를 대하는 태도에 따라 분위기가 달라집니다. 책을 꾸역꾸역 읽어야 할 숙제로 주는 부모님이 있습니다. 아이의 독서 수준과 흥미를 고려하지 않고, 좋다고 입소문 난 책을 구입하고, 처음부터 끝까지 다 읽으라고 합니다. 그런 분위기에서는 아이들이 즐겁게 책을 읽기 어렵습니다. 좋아하는 간식을 함께 먹으며, 가족이 둘러앉아 편안하게 책을 읽는 아이들은 독서를 휴식으로 받아들입니다. 책에 나오는 인물이나 사건에 관해 부모님과 재미나게 대화하는 아이에게는 독서가 곧 따뜻한 소통입니다. 아이가 책을 꾸준히 읽기를 원한다면, 긍정적인 경험과 책을 연결해주세요.

요즘은 아이도 어른도 참 바쁩니다. 아이들의 오후 일과를 보면, 저녁까지 학원 일정이 꽉 차 있는 경우가 많습니다. 초등학교 고학년 아이들은 대부분 밤 늦게까지 사교육을 받습니다. 늦은 시간에 학원에서 돌아온 아이에게 독서할 여유가 있을 리 없습니다. 독서를 휴식으로 즐기는 일부 학생을 제외하면 말이죠. 요즘 아이들은 책을 읽을 시간도, 여유도 없습니다.

그래서 저는 학교에서라도 책을 읽을 수 있도록 우리 반 아이들에게 독서 시간을 줍니다. 우리 반은 독서를 '글밥 먹기'라고 부릅니다. 저는 아이들과 만난 첫날부터 글밥을 소개합니다. 하루에 밥을 세 번 챙겨 먹듯, 글도 밥처럼 꼬박꼬박 세 번 챙겨 읽으라고요. 아침글밥은 아이들이 혼자 조용히 책 읽는 시간입니다. 책을 읽을 시간이 없고 혼자서는 좀처럼 책을 펴지 않는 아이들에게 책 읽을 시간을 주고 싶어서 아침글밥을 운영합니다. 책을 펴기는 어렵지만 억지로라도 읽기 시작하면 이야기의 힘에 이끌려 자연스럽게 읽게 됩니다. 학습만화를 제외하고, 읽고 싶은 책을 자유롭게 읽게 합니다. 6학년 아이가 글이 적은 책을 읽어도 존중합니다. 그림책이 유치하다고 생각하는 고학년의 인식을 깨기 위해 학생이 가져온 그림책을 소개하기도 합니다. 1교시 수업을 시작하기가 미안할 정도로 반 아이들 모두 책 속으로 빠집니다.

점심글밥은 제가 고른 책을 읽어주는 시간입니다. 날마다 아이들이 집에 가기 전에 10분 정도 책을 읽어줍니다. 활자에 익숙해진 아이들이 더는 잘 보지 않는 그림책의 그림을 함께 보기도 하고, 수준이 조금 높은, 긴 호흡의 책을 읽기도 합니다. 3학년 담임을 했을 때의 일입니다. 글이 많고, 두꺼운 책이라 3학년 아이들이 읽을 엄두를 내지 않을 것 같은 책을 골랐고, 첫 책으로 『푸른 사자 와니니(이현, 창비)』를 읽어주었습니다. 아이들에게 책을 휘리릭 넘겨 보여주니 "으헉, 글씨도 작고 글도 엄청 많네요. 그림이 거의 없잖아요!" 하는 반응을 보였습니다. 아이들이 지루해할까 봐 걱정되었지만, 서사의 힘을 믿고 읽기 시작했습니다. 사자의 포효까지 실감 나게 읽기 위해 노력했습니다. 사자는 말할 것도 없고, 바위너구리, 임팔라, 버펄로, 원숭이 등 책에 등장하는 온갖 동물 흉내를 내는 스스로를 보며 피식 웃음이 났지만, 최선을 다해 읽었습니다.

어느 날, 한 학생의 어머니께 연락이 왔습니다. 평소 자녀가 책을 읽지 않아 걱정이었는데, 아이가 『푸른 사자 와니니』를 사달라고 하더니 단숨에 읽어 내려가서 깜짝 놀랐다고 말씀하셨습니다. 3학년이 되었는데도 그림책과 학습만화만 보려고 해서 걱정이었는데, 글이 많은 책을 다 읽은 건 처음이라며 감사하다고 하셨습니다. 『푸른 사자 와니니』를 읽은 건 이 학생뿐이 아니었습니다. 3권까지 다 읽었다고 의기양양하게 말하는 학생이 하나둘씩 늘어갔습니다. 흥미진진한 사건이 벌어진 부분을 읽은 날엔 다음 내용이 궁금하다며 반 이상의 학생이 책을 찾아 읽었습니다. 글이 많은 책도 겁내지 않고 읽게 만드는 힘이 읽어주기에 있다는 걸 다시 한번 절감했습니다.

아이들에게 책을 읽어주다가 하교할 시간이 되면, 흥미진진한 부분에서 딱 책을 덮고는 "내일 점심글밥 시간에 이어집니다!" 하고 외칩니다. 아이들은 재미난 드라마를 보다가 끊긴 것처럼 아쉬운 마음에 탄성을 지릅니다. 점심글밥이 끝난 후엔 쉰 목을 가라앉히기 위해 따뜻한 차를 연거푸 마셔야 하지만, 이야기 속으로 쏘옥 빠져드는 아이들의 눈빛이 좋아 열연을 하게 됩니다. 시간이 부족해서 점심글밥을 건너뛰는 날에는 "선생님, 우리 점심글밥 굶어요? 아, 배고파!" 하는 아이들이 참 귀엽습니다. 저보다 키가 한뼘이나 큰 고학년 학생도 점심글밥 시간을 기다립니다.

저녁글밥은 집에서 혼자 또는 부모님과 함께 책을 읽는 시간입니다. 바쁜 일과를 보내다 보면 아이와 속 깊은 대화를 나눌 시간이 부족합니다. 잠들기 전 하루를 돌아보면 아이에게 밥 먹었냐, 숙제는 다 했냐, 책가방은 챙겼냐, 이 닦았냐 등 아이가 "예." 또는 "아니요."로만 답할 수 있는 질문만 한 날이 많습니다. 그래서 우리 반 학부모님께 저녁글밥을 소개하면서, 아이와 함께 책을 읽거나 읽어주면서 대화하기를 추천합니다. 날마다 실천하기 어렵다면, 일주일에 한두 번이라도 시간을 내길 바라면서 말입니다.

독서의 마중물, 소리 내어 읽어주기

"책 읽기 중요한 거 알죠. 그런데 애가 스스로 읽지를 않아요."
"언제까지 읽어줘야 하나요? 부모도 힘들어요."
"아이가 글이 많은 책은 읽으려고 하지도 않아요."
"학습만화만 보려고 해서 걱정이에요."

학부모 카페 게시판에서 자주 볼 수 있는 글입니다. 저도 아이가 글이 많은 책으로 옮겨갈 시기에는 고민이 많았습니다. 아이는 글이 많은 책을 보면 지레 겁부터 먹었고, 읽으려고 하지 않았습니다. 목이 쉬도록 책을 읽어주던 몇 년 전의 수고를 다시 해야 하나 앞이 캄캄했습니다. 글의 양이 많아진 만큼 읽어주기가 더 힘들겠다는 생각도 들고 '내 진액을 다 뽑아야 아이가 자라는구나.' 싶어 나리에 힘이 풀렸습니다.

하지만 곧 아이가 책을 읽기 바라는 건 아이가 아닌 제 욕심이라는 걸 깨달았습니다. 아이는 책을 왜 읽어야 하는지 모릅니다. 재미있으면 읽고, 재미없으면 안 읽습니다. 어른도 읽기 어려운 책에는 선뜻 손이 가지 않습니다. 책을 읽으면서 다양한 삶을 간접 체험하고 공감하는 마음을 갖길, 문해력을 키우고 스스로 공부할 힘을 갖게 되길 바라는 건 아이가 아닌 엄마인 저의 욕심이었습니다. '아이가 책을 읽기 바라는 건 내 뜻이니, 내가 움직일 수밖에 없다.' 하고 마음을 다잡았습니다.

아이가 책을 읽기를 바라며 아이의 손을 잡아끌고 갔던 어린이 도서관 게시판에서 운명처럼 읽은, '독자의 권리'를 다시 한번 되뇌었습니다. '독자의 권리'는 다니엘 페나크의 『소설처럼』에 소개된 유명한 글입니다. 강압적으로 아이에게 책을 읽히려고 했던 저를 반성하게 한 그 책을 다시 펼쳤습니다. 글 많고 두꺼운 책이 아이의 관점에서 어떻게 보일지 신랄하게 묘사한 부분에서 웃음이 났습니다.

"책은 엄청 두껍고 빽빽하다. 빈틈이라곤 조금도 없어 보인다. 펼쳐볼 엄두가 나지 않는다. 읽고 싶다는 불길이 솟을 리 없다. … 산소부족."[13]

아이에겐 빽빽한 글자 때문에 산소가 부족하다고 느껴질 만하겠죠.

독서 수준을 높이고 싶어 야심 차게 구입한 책이 몇 년째 책꽂이에서 먼지만 쌓이는 모습을 보고, 읽어도 무슨 말인지 이해가 되지 않는 책을 읽으라고 하는 게 아이에겐 얼마나 힘든 일인지 이해되었습니다. 어른이 독서 교육을 위해 해야 할 일은 그저 아이가 책을 읽고 싶어 할 때까지 책을 읽어주는 일이라는 조언이 눈에 확 들어왔습니다.

초등학교 3학년쯤 되면 혼자 조용히 책을 읽어야 한다고 생각하는 부모님이 있습니다. 5학년에게도 책을 읽어주냐고 묻는 부모님도 많습니다. 대견하게 글이 많은 책도 혼자 척척 읽어내는 아이들이 있습니다. 하지만 글이 많은 책으로 넘어가는 시기인 초등학교 중학년 때 독서에 흥미를 붙이지 못하고, 학습만화에 머물거나 아예 책을 읽지 않는 학생이 허다합니다. 글이 많은 책을 혼자 읽기 어려워하는 아이에게는 도움이 필요합니다. 책을 잘 이해하는 어른이 소리 내어 읽어주면 됩니다.

글이 많고 두꺼운 책의 도입부는 인물과 배경에 대한 설명이 주를 이루어 지루합니다. 글이 많으면 그만큼 도입부도 길어서 몇 줄 읽지 못하고 포기하기 쉽습니다. 아이가 혼자 읽기 어려운 앞부분을 누군가 읽어주면, 속도감 있게 전개되는 뒷부분은 아이들이 스스로 끝까지 읽습니다. 우리 반 점심글밥은 선생님이 소리 내어 책을 읽어주고, 그 내용에 관해 이야기하는 시간입니다. 글이 제법 많은 책을 읽어주다가 사건이 일어나기 직전에 멈추면 아이들은 궁금하다며 당장 도서관으로 달려가 단숨에 읽어 내려갑니다. 점심글밥의 가장 큰 효과 중 하나는 아이 스스로 책을 읽게 만드는 데 있습니다. 책을 읽어주면, 아이가 스스로 읽고 싶어 할 때가 옵니다. 소리 내 읽어주기는 독서의 마중물입니다.

EBS 〈당신의 문해력〉에서는 만 4세 아이들의 문해력을 측정하고 그 후 12주 동안 부모님과 책을 읽는 프로젝트를 진행했습니다. EBS 연구팀이 선정한 다양한 분야의 그림책 14권을 아이에게 소리 내어 읽어주고, 아이와 상호작용을 하는 프로젝트였습니다. 3개월 후 동일한 문제로 다시 아이들의 문해력을 측정했습니다. 이해력은 12.1점에서 20.1점으로, 음운론적 인식 능력은 5.9점에서 9.6점으로 평균 1.5배 이상 올랐습니다. 겨우 3개월 동안 그림책 14권을 소리 내 읽어주었을 뿐인데 문해력이 크게 오른 것입니다. 서울대학교 아동가족학과 최나야 교수는 어릴 때부터 아이와 상호작용을 하며 소리 내어 책을 읽어주라고 강조합니다. 생애 초반에 책 읽기를 한 아이와 그렇지 않은 아이는 초등학교 1학년 때 읽기 능력과 흥미, 학습 동기 모두 유의미한 차이를 보였다고 덧붙였습니다.

전화 통화를 하다가 정확히 확인하거나 기억해야 할 내용은 문자로 남겨 달라고 하는 어른과는 달리 아이들은 듣고 이해하는 능력이 읽고 이해하는 능력보다 발달했습니다. 아이가 모르겠다고 한 문제를 소리 내 읽어주기만 했을 뿐인데, 금방 이해하는 모습을 한 번쯤은 보셨을 겁니다. 키프로스의 심리학자와 초등교육학자가 초등학교 2, 4, 6학년과 중학교 2학년(8학년) 학생 612명을 대상으로 연구한 듣기 능력과 읽기 능력과의 상관관계를 보면, 초등학교 고학년 때도 책을 읽어줘야 하는 이유를 이해할 수 있습니다. 초등학교 저학년 때는 읽을 때보다 들을 때 훨씬 이해를 잘하다가 고학년 때가 되어서야 비슷해지고, 중학교 2학년이 되면 시지각이 청지각을 앞서는 것으로 나타났습니다. 초등학교 저학년뿐 아니라 고학년도 청지각에 많이 의존하고, 듣기 능력과 읽기 능력은 긍정적인 상관관계가 있습니다. 아이에 따라서는 중학교까지도 책을 읽어주는 것이 효과적이라는 시사점을 얻을 수 있습니다.

아이는 어른의 말이 아니라 행동을 따라 합니다. 아이가 책을 읽기를 원한다면, 부모부터 책 읽는 모습을 보여야 합니다. 물론 아이와 어른의 할 일이 다르다는 건 어려서부터 꾸준히 이야기해야 합니다. 애벌레가 나비가 되기 위해 기어 다니며 풀잎을 갉아 먹고 번데기를 만들듯, 어린이는 멋진 어른이 되기 위한 준비를 해야 한다는 걸 알려줘야 합니다. 그래야 "아빠 엄마는 하지 않는 숙제를 나는 왜 해야 해?"라는 비교를 하지 않습니다. 그러나 책을 읽어주는 부모님과 마음을 터놓고 대화하는 아이와 "책 읽는 건 네가 당연히 할 일"이라고 말하고는 스마트폰과 TV를 보는 부모님을 둔 아이 중 어떤 아이가 평생 독자로 자라날 가능성이 클까요? 판단은 여러분께 맡깁니다.

생각이 자라는
독서 습관 만들기

무슨 책을 읽어야 하는지도 아이가 앞으로 어떤 글을 읽게 될까 생각해
보면 답이 나옵니다. 아이가 살아가면서 접하게 될 텍스트는 무궁무진
합니다. 스스로 공부하는 능력은 다양한 글을 읽고 이해하는 능력입니
다. 대학수학능력시험의 국어 영역과 영어 영역을 보면 시, 소설, 논설
문, 설명문, 신문 기사, 광고, 편지글, 문자메시지 등 다양한 장르의 글이
지문으로 제시됩니다. 교사와 부모는 아이들이 다양한 장르의 글을 접
할 수 있도록 도와줘야 합니다. 그런데 소설만, 혹은 비문학만 골라 읽
는 아이가 있습니다. '독서 편식'이라는 말이 있지만, 저는 '독서 취향'

이라고 부릅니다. 독서 취향이 형성된 아이는 평생 독자로 이어질 가능성이 큽니다. 억지로 다른 책을 읽게 하면 오히려 흥미가 떨어집니다.

좋아하는 책에서 확장시키기

아이가 좋아하는 책을 충분히, 깊게 읽도록 도와주고, 관심 분야를 넓히는 것이 좋습니다. 우리 아이들은 어느 날부터 역사에 관심을 보이기 시작하더니 역사책만 읽었습니다. 제가 책을 소리 내어 읽어줄 때만 다른 책을 들을 뿐, 혼자서는 역사책만 읽었습니다. 글이 적은 역사 전집을 반복해서 읽는 걸 보고, 좀 더 내용이 자세한 역사책을 구입했습니다. 한국사능력검정시험 교재도 책꽂이에 꽂아놓고 역사 강의 동영상도 틀어주었습니다. 벽에 한국사와 세계사 연표를 붙여놓고, 아이가 역사에 흠뻑 빠질 환경을 만들었습니다. 1년 이상을 한국사 관련 책만 읽더니 세계사로 관심사가 옮겨갔습니다. 저는 다시 한국사 책 옆에 세계사 책을 채웠습니다. 한동안 세계사 책을 읽던 아이들이 제1차세계대전과 제2차세계대전이 나온 부분만 집중해서 읽었습니다. 그 당시의 세계정세와 사용한 무기, 전략을 파고들었습니다. 무기 제작 원리와 무기를 만드는 데 사용하는 재료를 찾아보면서 물질에 관한 이해도 넓혔습니다. 원자폭탄이 얼마나 큰 힘을 가졌는지 궁금했던 아이들은 이전엔 눈길도 주지 않던 과학책도 읽었습니다. 국가별 국방 규모와 국력, 1년 예산을 비교하기 시작했습니다. 예산이 어디에 어떻게 쓰이는지 조사했습니다. 예산 금액을 확인하면서 큰 숫자에도 눈길을 돌렸고, 국방비가 전체 예산의 몇 퍼센트를 차지하는지 계산하면서 비율을 익혔습니다.

아이들이 한 가지 주제를 충분히 탐구하고 익히면 자연스럽게 다른 분야로도 관심사가 옮겨갑니다. 역사에서 시작한 독서는 지리, 경제, 물리, 화학, 수학과 융합이 일어났습니다. 억지로 공부를 시켰다면 즐겁게 학습하지 못했을 정도로 어렵고 복잡한 내용입니다. 아이들은 스스로 공부하는 자세와 방법을 익혔습니다.

아이의 관심사를 유심히 살펴보고, 좋아하는 분야와 연관된 책을 살짝 놀이에 끼워주세요. 〈겨울 왕국〉 드레스에 빠진 아이와 드레스 도감이나 드레스의 역사가 담긴 책을 함께 읽어보세요. 공룡을 좋아하는 아이에게는 공룡 관련 책으로 지질시대에 호기심을 갖게 도와주세요. 아이돌 그룹을 좋아하는 아이와는 아이돌 그룹 관련 책이나 잡지를 같이 읽어보세요. 자기가 좋아하는 분야를 부모가 인정해주면 아이는 자존감이 높아집니다. 무엇보다 부모와 자녀의 관계가 돈독해집니다. 아이의 독서를 위해 부모가 할 일은 부모가 먼저 좋아하는 분야의 책을 재미있게 읽는 모습을 보여주는 것입니다. 또한 아이가 좋아하는 분야를 마음껏 탐구하도록 지지하고, 더 깊고 넓은 세계로 나아갈 수 있도록 책장에 책을 조금씩 채워주는 일입니다.

고전을 읽어야 하는
진짜 이유

어려서부터 책을 좋아하지 않았던 우리 집 아이들은 서점에 갔다가 바로 키즈카페로 달려가기, 책 놀이하기, 책 읽어주기 등 다양한 방법으로 4년간 공을 들인 끝에 스스로 책을 읽기 시작했습니다. 아침에 일어나자마자 책을 펴고 소파에 앉는 모습, 심심하다며 무슨 책을 읽을지 고민하며 책장 앞을 서성이는 모습이 비현실적으로 다가올 만큼 기뻤습니다. 책을 읽는 것만으로도 감사했습니다. 그런데 아이가 책을 잘 읽으니 슬며시 명작 고전도 읽으면 좋겠다는 욕심이 생겼습니다.

　　미국 시카고대학교의 핵심교육과정The Core Curriculum은 2021년 5월 기준, 100명의 노벨상 수상자를 배출한 시카고대학교의 원동력으로 널리 알려져 있습니다. 핵심교육과정은 전공 수업에 앞서 인문학, 사회과학, 물리학, 생물학, 수학 등 다양하고 광범위한 분야의 책을 읽고, 질문하고, 토론하고, 글을 쓰는 과정입니다. 시카고대학교의 독특한 교양교육과정인 더 코어The Core는 "무엇을 생각하느냐가 아니라 어떻게 생각하느냐"를 가르쳐야 한다는 설립 원칙에서 탄생했습니다.[14]

한 대학에서 노벨상 수상자가 100명이나 나왔다는 것도 신기한데, 노벨상 수상자를 많이 양성한 대학교 순위에서 시카고대학교가 고작 4위라는 사실이 더 놀라웠습니다. 도대체 그 앞에는 어떤 대학교가 있는지 궁금해서 검색해보니 161명을 배출한 하버드대학교가 1위였고, 케임브리지대학교, 버클리대학교, 시카고대학교가 뒤를 이었습니다.

노벨상 수상자 최다 양성 대학교가 미국과 영국에만 있다는 사실이 씁쓸했습니다. 학교의 교육과정이 우수하기도 하겠지만, 인재가 명문 대학교로 몰리기 때문이라는 생각이 들었습니다. 영어가 모국어가 아닌 학생은 언어의 장벽이라는 과제가 하나 더 있다는 게 안타깝기도 했습니다. 그러던 중 노벨상 수상자 최다 배출 대학교를 비롯해 우수 대학교 상위권을 차지하는 대학교의 교육과정에서 공통점을 발견했습니다. 학기 중 읽어야 하는 책과 써야 하는 글쓰기의 양이 엄청나다는 사실이었습니다. 하버드대학교는 하버드 고전Harvard Classics이라는 책 목록이 따로 있을 정도로 고전 읽기에 공들였으며, 하버드대학교의 독서와 글쓰기 강의는 악명 높습니다.

하버드 고전 목록은 1900년대 초기, "50권의 책을 주의 깊게 읽으면, 안락한 집에서 교양 교육과 즐거움은 물론 역사상 가장 위대한 창의적인 사고로부터 조언을 얻을 수 있다."[15]라고 주장한 하버드대학교 총장 찰스 엘리엇Charles Eliot의 5피트 책장Five-Foot Shelf of Books에서 시작했습니다. 역사상 가장 위대한 창의적인 사고방식을 엿볼 수 있다는 고전 읽기가 매력적으로 다가왔습니다.

아마존의 CEO 제프 베이조스Jeff Bezos는 한 언론사와의 인터뷰에서 "앞으로 10년 동안 어떤 변화를 예측하고 있느냐는 질문을 많이 받는다. 구태의연한 질문이다. 앞으로 10년 동안 바뀌지 않는 것은 무엇이냐는 질문은 왜 하지 않나. 더 중요한 문제인데 말이다. … 변하지 않는 전제에 집중해야 헛고생을 하지 않는다. 아무리 시간이 흘러도 변하지 않는 것을 알고 있다면 그런 곳에 돈과 시간을 할애하는 것이 좋지 않을까."16라고 말했습니다.

찰스 엘리엇과 제프 베이조스가 한 말을 읽고, 고전의 힘을 확신했습니다. 몇백 년 전을 살았던 사람이 쓴 책이 지금까지 울림을 준다면, 고전이야말로 아무리 시간이 흘러도 변하지 않는 무언가를 담고 있고, 알아볼 만한 가치가 있는 거겠죠.

우리 아이도 시공간을 초월해 가치를 인정받은 고전을 삶에 적용하기를 바랐습니다. 무엇보다 우리 아이가 '말이 통하는' 사람이 되길, 동서양을 막론하고 사람을 이해하는 힘을 갖길 바랐습니다. "제갈공명이 따로 없네." "현대판 노아의 방주." "파리스의 선택이로구나." "돈키호테 같으니!" 등의 문장은 책을 읽지 않았거나, 그 책에 관해 모르는 사람은 전혀 이해할 수 없습니다. 고전에는 시대와 공간의 힘이 깃들어 있습니다. 고전 자체가 엄청난 배경지식을 담고 있습니다. 아이가 동서양의 고전을 읽고, 그 문화를 깊이 이해할 수 있기를 바랐습니다. 문화를 깊이 이해하는 사람은 그 문화 속에서 자라나고 살아가는 사람도 깊이 살피는 통찰력을 가질 수 있으니까요.

단계별
고전문학 읽는 법

큰아이가 일곱 살이 되면서 고전 읽기를 어떻게 시작할지 고민했습니다. 다니엘 페나크의 '독자의 권리'를 존중해 자유롭게 읽는 시간과 고전 읽기는 따로 떼어놓아야 할 필요를 느꼈습니다. 아직 유치원에 다니는 우리 아이들과 고전을 읽을 방법을 알아보기 위해 'Great Books'와 'Classics'의 연관 주제 빅데이터를 살펴보니 시카고대학교가 등장했습니다. 시카고대학교의 핵심교육과정의 중심에 있었던 제5대 총장 로버트 허친스Robert Hutchins와 모티머 애들러Mortimer Adler는 셰어드 인콰이어리Shared Inquiry 세미나를 열었고, 이 세미나가 그레이트 북스Great Books 재단의 시초가 됐다는 사실을 알게 되었습니다. 셰어드 인콰이어리가 고전 읽기의 핵심이었습니다.

셰어드 인콰이어리는 결국 토의였습니다. 한 권의 책을 함께 읽고, 서로의 의견을 공유하고 질문하는 과정이었습니다. 초등학교 과정Junior Great Books K-5의 고전 읽기는 다음과 같이 세 분야로 이루어져 있습니다.

- **읽기** 유창하게 소리 내 읽기, 단어 의미 알기, 사실을 기억하고 세부 사항을 인용하기, 아이디어 생성하기, 생성한 아이디어를 추론·평가·수정하기, 아이디어를 뒷받침할 증거 찾기
- **쓰기** 정기적으로 메모하고 질문 쓰기, 아이디어 구성·발전·뒷

받침하기, 친구의 리뷰에 따라 글을 편집하고 수정하기, 목적에 따라 알맞은 형태의 글쓰기

- **말하기와 듣기** 질문 공유하기, 아이디어를 명확하게 표현하기, 아이디어를 설명하고 뒷받침하기, 다른 사람의 말을 듣고 반응하기, 토론에서 들은 아이디어와 근거 떠올리기

유치원에 다니는 아이 둘이 따라하기엔 벅찬 내용도 있어서, 아이와 함께 책을 읽고 이야기를 나누면 되겠다고 편하게 마음먹었습니다. 일단 시작하면 길이 보일 거라고 믿고, 습관 달력에 고전 읽기를 넣었습니다. 어느 정도 익숙해지면, 글이 많은 고전도 쉽게 읽을 수 있을 거라 기대하면서 말입니다.

고전 읽기는 『흥부와 놀부』, 『심청전』, 『토끼전』, 『이솝 우화』, 『피터 팬』, 『벌거벗은 임금님』처럼 초등 입학 전 아이도 쉽게 읽을 수 있는 어린이 명작동화부터 시작했습니다. 아이는 재미있는 책을 읽을 뿐인데, 다른 책과는 달리 읽은 책에 표시도 하고, 정해진 양을 모두 읽은 날엔 상도 받는다며 좋아했습니다. 명작동화를 읽고 나서는 "왜 흥부는 부모님의 재산을 하나도 못 물려받았을까?" "심청이가 지금 태어났다면 어떤 일이 벌어졌을까?" "용왕은 왜 하필이면 토끼의 간이 필요했을까?" "벌거벗은 임금님은 그 후에 어떻게 됐을까?" 등 생각을 자극하는 질문으로 이야기를 나누었습니다. 가장 자주 한 질문은 "책을 읽고 난 후, 너는 어떻게 달라졌니?"였습니다. "재미있는 이야기를 하나 알았어요."라

고 답해서 맥빠지는 날도 많았지만, "내 간을 빼앗으려는 사람인지 아닌지를 잘 살펴봐야 한다는 걸 알게 됐어요. 꼭 나쁜 사람이 간을 빼앗지는 않는 거였어요. 자라 보세요. 착한데 토끼 간을 바치려고 했잖아요."라고 말해서 놀란 날도 있습니다. 책과 아이의 삶을 연결해주는 것이 고전 독서의 핵심이었습니다.

유치원 아이와 함께 명작동화를 읽는 방법

1 아이 수준에 맞는 명작동화 고르기
2 하루 30분, 주말 50분 이상 명작동화 읽기(토의 시간 포함)
3 책의 줄거리나 주요 사건 설명하기
4 책에 관해 질문 주고받기(책과 아이의 삶을 연결하는 과정)

어린이 명작동화를 모두 읽고 나서는 조금 더 글이 많고, 어려운 책으로 목록을 바꿨습니다. 명작동화가 외국 작품에 치중한 느낌이라서 한국문학부터 읽게 하고 싶었습니다. 마침 학교 도서관에서 초등학교 저학년이 읽기에도 부담스럽지 않고, 그림도 적당히 섞인 고전문학 전집을 찾았습니다. 학생들이 하도 많이 읽어서 너덜너덜해진 학습만화 옆에 쩍 소리가 나는 새 책 같은 한국문학 전집을 찾았을 때의 기쁨이란!

어린이를 위한 한국 고전문학과 세계 고전문학은 확실히 명작동화보다 내용이 어렵고, 글의 양도 많아졌습니다. 그러나 어린이 명작동화를 재미있게 읽으면서 읽은 책 목록에 표시하고 보상을 받는 것이 습관이 된 아이들은 큰 어려움 없이 고전문학을 읽기 시작했습니다. 책을 보니, 초등학교 저학년도 읽기 쉽게 풀어놓았고, 부록에 지은이, 출간 시기, 작품의 배경과 주제가 정리되어 있어서 아이와 책에 관한 이야기를 할 때도 도움이 되었습니다.

고전문학 읽기도 명작동화와 비슷하게 진행했습니다. 다만 달라진 점이 있다면, 좀 더 깊이 있는 대화를 하기 위한 기초를 만들었다는 점입니다. 초등학교 저학년이 된 아이와는 책을 읽기 전에 지은이, 출간 시기, 작품의 배경을 정리하고 읽었습니다. 책을 읽고 이야기를 하면서 이 작품을 읽은 사람은 어떤 감동을 받을지, 문학이 어떻게 세상에 영향을 줄 수 있는지도 이야기를 나누었습니다.

엄마 　 이번 주에는 너희 둘 다 『사씨남정기』를 읽었구나.

큰아이 　 네, 김만중이 조선 숙종 때 쓴 소설이에요.

작은아이 　 숙종이면 인현왕후와 장희빈?

엄마 　 하하하, 『조선왕조실록』을 읽은 보람이 있네.

작은아이 　 책 목록에 『인현왕후전』도 있던데, 그것도 김만중이 썼나?

큰아이 　 아닐걸? 김만중이 『구운몽』 쓴 사람이던데?

작은아이 　 맞아. 나도 『구운몽』 읽었어.

엄마 　 김만중이 어떤 작가였는지 한번 살펴볼까? (함께 백과사전을 찾는다.)

우리집 두 아이의 한국 고전문학 여행

● 선악 착하게 살아라

번호	책 제목		지은이	지은 때	배경	후	전
1	흥부전	복바가지 똥바가지	미상	미상	조선후기	12.21.	12.24
②	옹고집전	천하제일 옹고집, 새사람 만들기	미상	미상	조선시대, 용왕궁궁궐	1.7.	1.8.
3	심청전	연꽃으로 핀 효심	미상	미상	송나라 황주면	12.22	12.21.
4	콩쥐팥쥐전	콩 심은 데 콩 나고, 팥 심은 데 팥 난다	미상	미상	조선시대, 전라도	12.23	12.22.
⑤	장화홍련전	내 한을 풀어주오	미상	미상	조선시대 평안도	1.8.	1.10
6	창선감의록	착하고 정의롭게	조성기	조선숙종대	명나라	1.9.	1.7.
7	사씨남정기	사 씨가 남쪽으로 간 까닭은?	김만중	조선숙종	명나라	1.10.	1.13.

● 풍자 하하 호호, 웃음꽃이 핀다

번호	책 제목		지은이	지은 때	배경	후	전
⑧	장끼전	남자가 여자 말을 안 들으면	미상	미상	조선시대, 백운산	1.12.	1.14.
9	토끼전	간을 빼놓고 다닌다고?	미상	미상	옛날옛적용궁,바닷가육지	12.24	12.23.
10	두껍전	찬물도 위아래가 있거늘	미상	미상	중국 명나라	1.11.	1.9.
11	허생전	돈은 이리 벌고 저리 쓴다	박지원	1780년대	조선후기	1.20.	1.11.
⑫	호질	그 양반 참 구리구려	박지원	조선정조대	중국 청나라의 어느 마을	1.13.	1.29.
⑬	배비장전	여자 보기를 돌같이 하라	미상	미상	조선 후기	1.14.	1.12.

● 애정 아름답고 슬픈 사랑

번호	책 제목		지은이	지은 때	배경	후	전
14	춘향전	임 향한 마음이야 변할 줄이 있으랴	미상	미상	조선 시대, 전라도 남원	1.15.	1.21.
15	숙향전	하늘에서 맺은 약속	미상	미상	송나라, 황성나라	1.14.	1.15.
16	운영전	먹물 한 점에 사랑이 피어나고	미상	미상	조선시대	1.16.	1.17.
17	숙영낭자전	사랑은 운명처럼 모질구나	미상	미상	조선 세종	1.17.	1.14.
18	주생전	사랑은 강물처럼 흐르고	권필	조선선조대	명나라	1.21.	1.18.
19	채봉감별곡	가을바람, 이별의 노래	미상	미상	조선철대하금가	1.18.	1.16.

큰아이 (백과사전에 나온 『사씨남정기』 원본 사진을 보고) 오, 한글로 쓴 소설이에요. 조선시대 문신은 한글을 잘 안 쓴 걸로 아는데?

작은아이 김만중은 용감한 사람이었나 봐.

엄마 『사씨남정기』는 배경이 명나라지만, 누가 읽어도 조선 왕실의 이야기라는 걸 알 수 있지.

작은아이 한심한 유연수가 숙종이라고 말하고 싶었나 봐요. 진짜 용감한데요?

엄마 김만중은 이 이야기를 왜 썼을까?

초등학교 저학년 아이와 함께 고전문학을 읽는 방법

1 고전문학 목록 써서 벽에 붙이기

2 아이가 원하는 책부터 읽기

3 읽기 전에 지은이, 지은 때, 작품의 배경 등을 정리해 쓰기

4 하루 30분, 주말 50분 이상 고전문학 읽기(토의 시간 포함)

5 책의 줄거리나 주요 사건 설명하기

6 책에 관해 질문 주고받기(책과 아이의 삶을 연결하는 과정, 인물과 배경

   분석하기)

우리 아이들은 요즘 고전문학 완역본을 읽고 있습니다. 처음 고전문학 완역본을 본 아이들은 그림도 없고, 글씨만 빼곡한 두꺼운 책을 보고 손을 내저었습니다. 그러나 앞부분을 읽어주거나 책의 배경과 작가에 관해 말해주니 조금씩 읽을 마음을 먹었습니다. 하루는 작은아이가 형이 추천한 책을 읽다가, "이 책 재미없는데?" 하고 말하자 형이 "원래 앞부분은 지루하잖아. 그냥 언젠가는 재미있어진다 생각하면서 읽어." 하고 체념하듯 말하는 걸 보고 얼마나 웃었는지 모릅니다. 고전 읽기가 습관이 된 아이들은 자연스럽게 책장을 넘기기 시작했고, 곧 이야기 속으로 빠져들었습니다. 『15소년 표류기』, 『80간의 세계 일주』, 『라마야나』 등 좋아하는 책이 생겼습니다. 학년이 올라갈수록 책을 읽을 시간이 줄어들어 안타깝습니다. 중학생이 되면 더 책 읽을 시간이 없다고 하니 하루 30분, 주말 한 시간 정도는 꼭 고전 읽기에 시간을 내고 있습니다. 주

중에는 읽기만 하고, 주말에는 읽은 책에 관해 대화합니다.

책에 관한 이야기는 줄거리부터 시작합니다. 아이들은 각자 자기가 읽은 책의 내용을 소개합니다. 대화하는 사람 모두가 읽어본 책에 관해 이야기해도, 책을 읽지 않은 사람이 대화에 끼어도 모두 아이들에게 도움이 되었습니다. 책을 읽지 않은 사람이 있을 땐 인물, 배경, 사건에 관한 정보를 좀 더 촘촘하게 말하면서 북토크처럼 이끌었습니다. 말하는 대상에 따라 다르게 말해야 한다는 것 또한 간접적으로 체험할 수 있었습니다. 이야기를 나누면서 책을 읽지 않은 아이는 읽고 싶은 마음이 생기기도 하고, 책을 읽은 아이는 그 책을 아직 모르는 사람의 신선한 시각을 접할 수 있었습니다. 두 아이 모두 읽은 책은 좀 더 깊은 이야기를 나눌 수 있었습니다.

엄마   이 책에 나온 아이들은 모두 체어맨 기숙학교에 다닌 인연으로 만난 거구나?

큰아이   모코 빼고요. 모코는 견습 선원이거든요.

아빠   선원으로서 경험이 있는 모코 덕분에 나머지 아이들이 큰 도움을 받았겠네.

작은아이   네. 모코가 손재주가 좋고, 요리도 잘해요. 대포를 쏘아서 해적도 물리치고요. 그런데 웃긴 게 뭔지 아세요? 모코는 대통령을 뽑을 때 투표권도 없었어요.

엄마   응? 왜?

작은아이 흑인이라서요. 진짜 어이없지 않아요?

엄마 모코도 아이들을 도련님이라고 부르잖아. 그러니 대통령
은커녕 투표할 마음도 안 먹었을 텐데, 그럼 모두가 좋은
게 아닐까?

큰아이 아니죠. 그게 잘못된 건 줄도 모르는 건 이상해요.

아빠 흑인이라는 이유로 투표권도, 대통령 후보 자격도 안 주
는 게 잘못된 건지 모르는 이유는 뭘까?

작은아이 흑인이 투표하는 걸 한 번도 못 봤으니 그렇겠죠. 얘네들
이 다니던 학교가 완전 귀족학교 같은 데니까 하인 중에
흑인이 많지 않았을지도 몰라요.

아빠 그래. 지난번에 엄마 아빠가 〈그린북〉이라는 영화를 봤거
든. 원래 『그린북』은 흑인을 받아주는 음식점, 숙소를 소
개한 책이래. 영화 배경이 1962년이었는데, 엄청 유명한
피아니스트가 흑인이라는 이유만으로 화장실도 따로 써
야 하고, 음식도 백인과 같이 못 먹었어.

큰아이 이 책은 배경이 1800년대 말이나 1900년대 초예요. 제
국주의 시대였으니 더 심했겠죠.

엄마 요새 우리가 너무나 당연하다고 생각하는 것 중에도 불
공정한 게 있지 않을까?

책을 읽기 전에 지은이, 출간 시기, 작품의 배경 등을 정리해서 쓰던

습관을 고전문학 완역본을 읽으면서도 이어갔습니다. 아이들은 서로 좋아하는 작품이 겹치는 걸 알았고, 그 작가가 쥘 베른이라는 사실도, 쥘 베른이 쓴 다른 책도 재미있다는 걸 알게 되었습니다. 작가에 관해 읽은 아이들은 쥘 베른이 요트를 갖고 있었던 것, 여행을 많이 한 것, 프랑스 사람인 것, 과학에 흥미를 갖고 공부를 많이 했다는 것이 모두 작품과 연관이 있다는 걸 깨달았습니다.

아이들과 얼마나 더 고전 읽기를 할 수 있을지는 모르겠습니다. 얼마 전부터 큰아이는 책 읽을 시간이 부족하다며 아침에 알람을 맞춰놓습니다. 아침잠을 포기하고 읽는 책이 고전은 아닙니다. 학습만화나 가벼운 흥미 위주의 책입니다. 요즘엔 『만화 삼국지』를 읽고 있고, 저는 슬그머니 『삼국지』를 책꽂이에 꽂아놓으려고 합니다. 『삼국지』를 읽을지 안 읽을지는 모르겠습니다. 언젠가는 내 마음대로 읽을 거라며 벽에 붙은 고전 목록을 떼어버릴 때가 올지도 모르고요. 어쩌면 어느 순간 책과 담을 쌓을지도 모르죠. 앞으로 어떤 일이 벌어질지 모르니 현재에 충실할 뿐입니다. 아이가 이어폰으로 귀를 막고, 방문을 잠그기 전에 아이와 마주 보며 책에 관한 이야기를 할 수 있기를, 그래서 수백 년간 이어온 고전의 가치가 한 자락이나마 아이의 정신과 마음에 남길 바라면서요.

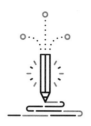

읽기와 쓰기의
기초 다지기

좋아하는 분야의 책을 재미있게 꾸준히 읽는다면 문해력 기초의 반은 성공한 겁니다. 조금 더 욕심을 내 본격적으로 문해력에 보탬이 되는 읽기는 어떻게 지도할 수 있을까요? 문해력이란 "일상적인 활동, 가정, 일터, 그리고 지역사회에서 문서화된 정보를 이해하고 활용할 수 있는 능력"을 말합니다.[17] 문해력에는 쓰기와 수량 문해도 있지만, 읽기 문해가 일상생활에서 가장 많이 사용되는 근본적인 능력이기 때문에 보통 문해력은 읽기 능력에 초점을 둡니다. 그래서 국립국어원에서는 기초 문해력 평가를 위한 연구에서 '국민의 기초 문해'를 "현대 사회에서 일상생활을 해나가는 데 필요한 글을 읽고 이해하는 최소한의 능력"[18]으로 규정했습니다.

국어 읽기 평가 영역을 보면 문해력을 높이는 읽기 방법을 찾는 데 도움이 될 거라 생각하고, 국립국어원과 한국교육과정평가원의 국어 읽기 능력과 관련한 연구 보고서와 평가 문항을 조사해보았습니다. 그 결과 학교급과 관계없이 국어 읽기 능력을 사실적 이해, 추론적 이해, 비판적 및 감상적 이해[19]로 나누어 평가하고 있었으며, 영역은 대학수학능력시험의 국어 영역까지 이어지는 것을 확인할 수 있었습니다.[20] 학년이 올라감에 따라 글의 양이 많아지고 어휘와 글의 수준만 높아질 뿐 수학능력修學能力을 갖추기 위한 요소는 같다는 의미입니다. 국어 읽기 능력 평가 요소에서 독서 지도 방법에 관한 힌트를 얻을 수 있었습니다.

국어 읽기 능력 및 평가 요소

읽기 능력	평가 요소
사실적 이해	글의 중심 및 세부 내용 이해, 글의 구조 파악하기
추론적 이해	비명시적 내용 이해, 필자의 의도나 관점 추론하기
비판적 및 감상적 이해	구성과 표현의 적절성, 내용의 타당성과 효용성 평가하기

아이들이 책을 읽을 때 글의 내용을 잘 이해했는지(사실적 이해), 글에

직접 드러나는 내용 외에 글에 제시된 다른 정보와 배경지식을 활용해 행간과 필자의 의도를 바르게 파악했는지(추론적 이해), 글의 정보를 무조건 받아들이지 않고 평가할 수 있는지(비판적 및 감상적 이해)를 점검하는 과정이 필요합니다.

『초등 독서평설』 100% 활용법

즐기는 독서에서 한발 더 나아가 학습을 위한 독서 방법을 익히려면 지금과는 다른 책 읽기를 해야 한다는 생각이 들었습니다. 마음을 정리하고, 지식을 익히는 하루 3줄 글쓰기에서, 읽은 내용을 정리하고 자신의 틀로 옮기는 새로운 형태의 글쓰기 공부로 옮겨가야 하는 시기가 됐다는 생각 또한 들었습니다. 그래서 다양한 장르와 주제의 글을 날마다 읽을 수 있고, 사실적·추론적·비판적 사고력에 더해 창의적 사고력까지 기르는 글쓰기 방법은 없을까 고민했습니다. 그 고민의 끝에 손에 들게 된 책은 월간지 『초등 독서평설』이었습니다. 문해력 향상을 위한 책으로 『초등 독서평설』을 선택한 이유는 다섯 가지입니다.

첫째, 다양한 장르의 글을 접할 수 있습니다.

둘째, 아이들의 흥미를 끌 만한 주제로 구성되어 있습니다.

셋째, 독서 다이어리에 나온 독서 일정표에 따라 읽으면 되기 때문에 무엇을 읽을지 고민하지 않아도 됩니다. (먼저 읽어보고 싶은 내용이 있으면 순서에 상관없이 읽어도 되고요.)

넷째, 별책부록을 풀면서 읽은 내용을 이해했는지 점검할 수 있습니다.

다섯째, 독자 엽서 등 다양한 독자 참여 코너가 있어서 읽기의 재미를 더할 수 있습니다.

큰아이의 2학년 겨울방학이 시작할 무렵 하루 3줄 글쓰기에 관해 대화를 나눴습니다.

엄마 이제 곧 3학년이 되는데 뭐가 달라질 것 같아?

큰아이 교과서! 교과서가 엄청 많아졌어.

엄마 어, 그렇네. 교과서를 보니 무슨 생각이 들었어?

큰아이 몰라. 그냥 많아. 그런데 △△ 누나가 지금 4학년인데 △△ 보고 3학년부터는 공부 열심히 해야 한다고 했대. 어렵다고.

엄마 오, 그 누나 진짜 멋지다. 그런 것도 알려주고. 그런데 너무 걱정 안 해도 돼. 네가 좋아하는 체육도 있어. 운동장에서 제대로 체육을 배울 수 있으니 얼마나 좋아?

큰아이 우와. 그렇네! 우리도 형들처럼 운동장에서 체육 수업할 수 있겠네.

엄마	맞아. 체육도 교과서가 있거든. 엄마가 잘 아는 체육 선생님이 그러시는데, 체육 교과서는 동화책 읽을 때랑은 좀 다르게 읽어야 한대. 또 과목이 많다 보니까 다양한 글을 많이 읽어야 한다고 하시더라고. 그래서 이제부터 하루 3줄 글쓰기 대신 다양한 글을 읽고 정리하는 활동을 하려고 해.
큰아이	어떻게?
엄마	지금까지는 그냥『초등 독서평설』을 읽기만 했잖아. 이제는 엄마가 알려주는 방법대로 '독서 다이어리'에 따라 읽고 요약하는 거야.『초등 독서평설』에는 다양한 글이 있어서 따로 책을 찾아서 읽지 않아도 될 것 같아. 3줄을 넘겨서 쓰게 될 수도 있고. 처음이라 어렵겠지만 대신 주말에는 쉬고, 주중에만 쓰는 거지. 어때?
큰아이	주말엔 안 쓰는 거구나! 좋아, 좋아.

큰아이와 대화를 나누고 시작한 글쓰기 방법은 다음과 같습니다.

『초등 독서평설』을 읽고 요약하기

1 『초등 독서평설』의 '독서 다이어리'에 있는 독서 일정표대로 읽습니다. 읽고 싶은 내용이 있으면 그 부분을 먼저 읽어도 좋습니다.

2 읽은 내용을 자신의 말로 정리해 씁니다.

- 문학: 인물과 사건 정리하기
- 비문학: 핵심 내용 또는 새롭게 알게 된 내용 정리 등 다양한 방법으로 정리하기

3 모르는 어휘를 정리합니다.

모르는 단어를 사전에서 바로 찾지 않습니다. 문맥을 통해 낱말의 의미를 유추해보고, 내용 정리 글쓰기를 끝낸 후 단어를 사전에서 찾아 씁니다. 사전적 의미와 그 단어가 문장 안에서 사용되는 예시문도 같이 정리합니다.

4 별책부록에 있는 문제를 풀면서 한 번 더 읽습니다.

아이는 『초등 독서평설』을 꾸준히 읽으면서 매일 다양한 장르의 글을 접할 수 있었습니다. 배경지식이 풍부해지는 덤도 얻었습니다. 글의 특성에 따라 각각 다르게 요약해야 한다는 사실을 자연스럽게 익혔습니다. 자신의 말로 정리해서 쓰고, 별책부록에 있는 문제를 풀면서 사실적 이해도를 점검할 수 있었습니다. 추론적·비판적 이해도를 위해 아이가 요약한 내용을 보면서 대화를 나누며 생각할 기회를 주었습니다. 욕심내지 않고 『초등 독서평설』로 ① 꾸준히 읽기, ② 다양한 장르 읽기, ③ 사실적 이해도 높이기에 집중한 덕분에 아이도, 저도 지치지 않고 습관처럼 이어갈 수 있었습니다.

10.15 목	운동 경기록 재미난 4학
소수	prime number, 모든 4의 기본이 기본인 되는 숫자
	약수가 1과 자기 자신뿐인 자연수.
	모든 4는 소수의 곱으로 나타낼수 있어.
약수	어떤 4를 나누어떨어지게 하는 수,

4.20. 월	감염병 의상자 격리시설을 우리제
알게된점	지역 이기주의
NIMBY	Not In My Back Yard
	쓰레기 소각장, 감염병 격리 시설 같이 주변들의 건강, 환경, 재산에 좋지 않은 영향을 어느 지역에서 꺼리지만 모두의 편의를 위해서 반드시 필요하다.
PIMFY	please In MY Front Yard
	종합 병원, 공공기관, 지하철역 등
유치	행사나 사업 따위를 이끌어 들임.
4.21. 화	주방의 과학 (오븐)
알게된점	열은 온도가 높은 곳에서 낮은 쪽으로 이동한다

재배움	집에서 근무하는 것
자택근무 자택별	자기 스스로 집에 있는 것
자수	죄를 범한 사람이 자진하여 수사기 관에 범죄 사실을 신고하고 자수함
4.8 수	안방 마님의 일곱 친구들
중심사건	자, 가위, 바늘, 실, 홍두, 인두, 다리미 가 자기의 공이 더 크다며 다툼을 했다. 그런데 안방마님 이 싸우는 소리를 듣고 깨어났 다. 시끄럽다고 말한후 다시 잠에 들자 다시 자랑싸움을 하 며 불평을 했다. 감투할미 사과하고 부녀자들 사돈방
규방	
인두	바느질 할 때 불에 달궈 천의 구겨진
마름질	옷감을 치수에 맞도록 재거나 자르는 일
세태	세상의 상태나 형편

전도	열이 물질을 따라 이동하는 현상. 예) 냄비 손잡이 까지 뜨거워 지는 것
대류	액체나 기체를 통해 열이 이동하는 현상
복사	열이 직접 이동하는 현상. 예) 햇빛을 직접 받을 때와 그늘에 있을 때 느껴지는 온도
4.22. 수 알게된점	포탄 왕조의 반 전 매력 노벨이 다이너마이트를 만들었 다는 걸 알았다.

5.1 금	바데리더가 알려줄게
알게된점	빅데이터(는) 소비 가치 이용을 읽을수 있고 자세만 아니 범죄 에 대비할수 있고 교통, 날씨 정보 등 쉽게 파악하. 건강을 지켜 주는 걸을 알았다.
5GB	기가바이트
5 E B	엑사 바이트
5. 4월 21:19 ~ 2. 35	STAT
어제 눈 생활방역	코로나 19로 바꿘가 공격한 변화 ①세계 경제 침체로 시작됐다 ②위기록 가려나 h. 전반째 ·코로나 19는 글로벌 경제둔화가 심화· ·홍적 다가온 갤런 천교
2020 도월로 고메사 세계사	프랑스, 캐나다, 오스트레일리아, 영국, 뉴질랜드는 연기하거나, 열면 불참 하겠다고해서 일본 정부는 고교올림픽 퍼플을 1년 연기 했다.

국어사전으로
어휘력 쌓기

우리 반 아이들의 책상 위나 서랍에는 항상 국어사전이 있습니다. 모르는 낱말이 나오면 바로 국어사전을 찾아보는 습관을 만들어주고 싶은 마음에 학년 초 준비물 목록에 넣었습니다. 3학년 1학기 국어 한 단원이 통째로 국어사전을 찾는 방법에 관한 내용일 만큼 아이들에게는 국어사전 찾기가 어렵습니다. 인터넷에서 금방 검색할 수 있는데, 왜 국어사전을 찾아야 하냐며 볼멘소리를 하는 아이도 있습니다. 두꺼운 국어사전은 펴는 것부터 번거로우니까요.

인터넷 국어사전을 사용하면, 해당 낱말의 뜻만 알고 끝납니다. 하지만 종이 국어사전으로 낱말을 찾으면 책장을 넘기다가 눈에 띄는 다른 낱말을 만날 수도 있고, 찾으려는 낱말과 같은 쪽에 담긴 낱말까지 읽게 됩니다. 시야에 더 많은 어휘가 눈에 들어옵니다. 국어사전에 따라 조금씩 다르지만, 뜻을 말로만 설명하기 어려운 낱말은 사진이나 그림으로도 제시하고 있어 효과적으로 설명하는 방법까지 간접적으로 체득합니다. 우리 집 아이들도 날마다 『초등 독서평설』에 나오는 모르는 낱말을 종이 국어사전에서 찾습니다. 엄마 아빠에게 물어봐도 "국어사전에서 찾아 봐."라고 할 게 뻔하다며, 책을 읽다가 모르는 낱말이 나오면 국어사전을 폅니다. 유의어, 반의어, 예문까지 읽으라는 잔소리는 아이가 그만하라고 할 때까지 계속할 예정입니다.

아이들이 다른 인터넷 사이트로 흘러가지 않게 지도할 수 있다면, 인터넷 국어사전은 정말 유용합니다. 무엇보다 빠르게 뜻을 찾을 수 있어서 아이들이 중간에 포기하지 않습니다. 한 번만 다른 탭을 클릭하면 유의어, 반의어, 속담, 관용구, 예문을 금방 찾아서 읽을 수 있으니 인터넷 사전은 효과적으로 어휘를 늘릴 수 있는 강력한 학습 도구입니다. 많은 작가가 최적의 어휘를 찾기 위해 인터넷 국어사전을 띄워놓고 수시로 단어를 검색합니다. 어떤 사전을 사용하든, 사전을 가까이에 두고 찾는 습관은 어휘력을 키웁니다.

우리 반 아침 독서 시간인 '아침글밥'에는 꼭 한두 녀석은 읽을 책을 안 가져옵니다. 그런 아이들에게는 "아침글밥을 굶으면 안 되지. 국어사전이라도 펴서 넘겨 봐. 재미있는 낱말이나 처음 본 낱말을 열 개 찾아보렴." 하고 말합니다. '국어사전을 읽으라고?' 하고 갸우뚱하며 마지못해 국어사전을 펼친 아이들은 금방 읽기에 빠져듭니다. 새로 찾은 낱말이 재미있다며 친구에게 보여주기도 합니다. 책을 가져온 아이도 국어사전을 볼 때가 있습니다. 국어사전에 나온 사진과 그림만 봐도 재미있답니다. 자연스럽게 국어사전에 손때를 묻히면 국어사전을 좀 더 쉽게 펼칩니다. 심심할 때 읽으면 그만한 어휘 공부가 없죠.

순우리말이 많이 사용되어 국문학적 가치가 높다고 평가받는 『혼불』을 쓴 최명희 작가는 국립국어연구원 강연에서 "사전을 시집처럼 읽으라"고 말했습니다. 아름다운 순우리말을 찾아 쓴 원동력이 국어사전을 좋아해서 "무료한 날, 쓸쓸한 날, 심심한 날, 전화를 받다가도 그냥

사전을 넘긴 데 있다."고 하면서 말입니다.[21]

디지털 시대에 태어나 힘들이지 않고 낱말의 뜻을 검색할 도구에 둘러싸여 살아갈 아이들은 더더욱 종이 국어사전을 찾을 필요도 없고, 시간도 없을 겁니다. 하지만 궁금한 것만 찾는 인터넷 국어사전이 아니라 우연히 국어사전을 '시집'처럼 넘기다가 마음에 꼭 맞는 아름다운 낱말을 찾아내는 경험을 우리 아이들이 했으면 좋겠습니다. 그러다 보면 문해력은 저절로 따라오겠죠.

어린이 신문
훑어 읽기

우리 집 아이들은 아침 식사 전에 어린이 신문을 한번 훑어 읽습니다. 어린이 신문은 내용이 많지 않고, 제목, 사진, 그림을 중심으로 대략 보는 거라 훑어 읽는 데 1~2분밖에 걸리지 않습니다. 학기 중에는 신문을 훑어 읽기만 합니다. 좀 더 읽고 싶은 내용이 있으면 더 읽고, 흥미가 없으면 그대로 덮어도 됩니다. 아이들과 신문을 읽는 이유는 다섯 가지가 있습니다.

첫째, 아이가 세상에 호기심과 관심을 가지길 바랐습니다. 호기심은 배움의 가장 좋은 원동력입니다. 관심이 있어야 애정도 생깁니다. '이

하루 3줄 초등 문해력의 기적

건 뭐지?' '왜 그렇지?' '어쩌다 이런 일이 일어났지?'라는 질문이 떠오르면 누가 시키지 않아도 자료를 찾습니다. 해결책을 찾으려고 이리저리 궁리도 합니다. 호기심과 관심은 그냥 생기지 않습니다. 어디선가 들어보기라도 해야 생깁니다. 평소 관심 있는 분야는 찾아서 보지만, 그 외의 분야 소식은 듣기 어렵습니다. 다양한 분야의 사람과 사회의 흐름과 변화, 경제나 과학, 인문 등 각 분야의 중요한 일을 정리해놓은 매체가 신문입니다. 신문은 사회 전반의 중요한 사건을 모아놓은 자료라서 신문 기사 제목만 읽어도 굵직한 각 분야의 이슈를 알게 됩니다.

둘째, 신문은 인터넷 뉴스와는 달리 댓글이나 수시로 뜨는 낯뜨거운 광고가 없습니다. 뉴스 기사에 달린 댓글을 보면 중심을 잡고 기사를 읽기 어렵습니다. 추천이 많은 댓글에 자신도 모르게 동조하게 됩니다. 댓글에 욕설과 비방이 섞여 있기도 합니다. 인터넷 기사는 기사 내용보다 광고가 더 많이 뜹니다. 광고 때문에 기사에 집중하기 어렵고, 클릭 한 번으로 해로운 사이트에 접속할 위험도 큽니다. 하지만 종이 신문에는 댓글이 없어서 아이가 스스로 의견을 정리하는 데 도움이 됩니다. 신문마다 논조가 있어서 다른 성향의 신문 두 가지 이상을 구독하고 비교해보는 것이 좋지만, 어린이 신문은 사회·정치적으로 민감한 내용은 빠져 있거나 비교적 중립적으로 쓰여 있습니다.

셋째, 편집의 중요성을 체험합니다. 신문은 날마다 쏟아지는 수많은 뉴스 중 일부를 지면에 싣습니다. 특히 신문 1면은 중요한 이슈를 다루고, 가장 중요한 기사는 '1면 머리기사'가 됩니다. 아이가 신문을 훑어 읽을 때, 저는 아침을 준비하면서 "오늘은 머리기사 제목이 뭐야?" "그 기사가 머리기사가 될 만한 주제인 것 같아?" "너라면 어떤 기사를 머리기사로 정했겠니?" "제목이나 사진은 어떻게 바꾸면 좋을까?" 등 신문을 주제로 질문을 합니다. 자연스럽게 신문에 나온 내용으로 대화가 이어지고, 같은 내용이라도 기사의 위치, 제목, 사진에 따라 달라진다는 사실을 알게 됩니다.

넷째, 다양한 글을 접할 수 있습니다. 신문 기사는 전문성을 갖춘 기자가 논리적으로 쓴 글이므로, 각 분야 전문가의 다양한 관점과 논리적인 구성을 눈에 익히게 됩니다. 신문 기사뿐 아니라 사진, 연재소설, 만화, 논평, 광고 등 의미를 전달하는 다양한 방법을 접하면서 목적에 알맞은 매체의 형태를 고르는 안목도 생깁니다.

다섯째, 문해력에 도움이 됩니다. 위의 네 가지 장점을 모두 합하면, 신문 읽기는 결국 문해력에 큰 도움을 줍니다. 서울대학교 심리학과 한소원 교수 연구팀은 평소에 신문을 읽지 않는 실험 참여자 60명을 모집해 신문을 읽는 그룹과 읽지 않는 그룹으로 나눴습니다. 한 그룹은 한 달간 매일 종이 신문을 읽게 하고, 한 그룹은 평소처럼 신문을 읽지 않았습니다. 신문 읽기 과제를 수행하기 전과 후, 두 차례에 걸쳐 실험 참여자들의 뇌파를 측정해보니 신문을 읽은 그룹은 핵심 정보를 찾아 분석하는 능력이 높아진 것으로 나타났습니다. 연구팀은 "자극을 식별하고 사물의 불일치나 갈등을 감지하는 능력이 활성화되었다. 이 같은 결과는 신문 읽기가 주의력 향상에 기여한 것으로 볼 수 있다."고 밝혔습니다.[22] 연구진은 주의력 향상에 초점을 두었지만, 핵심 정보를 찾아 분석하는 능력은 문해력이기도 합니다. 신문에 실리는 글은 전문가가 쓴 글이므로 평소에 접하지 못하는 다양한 어휘를 익힐 수 있고, 다양한 글을 접하면서 글의 형태에 대한 지식도 늘어납니다. 좋은 글을 읽으면 글쓰기에도 도움이 됩니다.

이 외에도 어린이 신문은 한자, 영어, 쉬어가는 코너 등 아이들의 흥미를 끌면서도 학습과 상식에 도움이 되는 다양한 내용이 있습니다. 어른도 아이와 함께 신문을 읽게 되니, 한 달에 커피 서너 잔, 책 한두 권 정도의 종이 신문 구독료가 아깝지 않습니다.

신문 스크랩에서 글쓰기까지

방학 아침도 어린이 신문 훑어 읽기로 시작합니다. 학기 중과 다른 점은 눈에 띄거나 관심 가는 부분에 형광펜으로 표시를 하는 겁니다. 방학 때는 훑어 읽기에 더해 스크랩을 하면서 기사 하나를 정독하고, 글쓰기로 마무리합니다. 신문 기사로 글쓰기를 하면서 다음과 같은 장점을 발견했습니다.

첫째, 글의 길이가 짧아서 아이가 읽는 데 부담이 없습니다.

둘째, 부모가 주제를 고르지 않아도 되니, 부모의 부담도 적습니다.

셋째, 생활과 밀접한 내용이므로 흥미롭게 읽을 수 있습니다.

넷째, 대개 육하원칙에 따라 쓰여 있어서 사실적 이해도를 점검하기 쉽고, 간추리기도 쉽습니다.

다섯째, 시사적인 내용이 많아 추론적·비판적 이해의 예를 들기 좋습니다.

신문은 한 장이고, 아이는 둘이라 다른 형광펜으로 표시를 합니다. 스크랩하고 싶은 기사가 다르면 다행인데, 기사가 같거나 이면에 있는 기사면 서로 자기 공책에 붙이겠다고 싸움이 납니다. 평소에도 자주 싸우는 형제라 일일이 개입하지 않고 지켜봅니다. 보통은 가위바위보나 "어제는 내가 양보했으니 오늘은 네가 양보해." 하는 식으로 마무리됩니다. 그러나 좀처럼 합의점을 찾지 못할 땐 어쩔 수 없이 제가 나서서 왜 그 기사가 꼭 필요한지 설명하게 합니다. 누구 한 명에게 신문 기사를 주면 다른 아이가 기분이 상해서 도저히 신문 스크랩 활동을 못할 것 같을 땐, 그 기사는 오리지 않고 신문 기사를 읽고 만든 질문과 답만 공책에 정리합니다.

먼저 하나의 신문 기사를 정하고, 자세히 읽습니다. 모르는 낱말은 문맥을 통해 유추해보고, 국어사전이나 백과사전을 찾아봅니다. 중요한 내용에 밑줄을 긋고, 새로 알게 된 내용을 정리합니다. 요약해 쓰기는 『초등 독서평설』로 매일 하고 있고, 신문을 읽을 때 중요한 능력은 추론과 비판적 읽기 능력이므로 사실적 이해는 간단히 짚고 넘어갑니다.

신문 스크랩 활동 하는 법

1   신문을 훑어 읽으면서 눈에 띄는 부분을 표시하기

2   기사 하나를 정해 자세히 읽기

- 모르는 낱말 찾아보기

- 중심 문장 찾기

- 내용 간추려 말하기

3   신문 기사를 보고 질문 세 가지 만들고 답하여 쓰기

- 질문1) 신문 기사를 읽으면 답할 수 있는 문제

- 질문2) 신문 기사에 나오지 않지만, 추론할 수 있는 문제

- 질문3) '내 생각은 무엇인가?' '내용과 근거가 타당한가?' '나 는 이 기사를 어디에, 어떻게 활용할 수 있는가?' 등 비판적 이해와 관련 있는 문제

신문 스크랩을 할 때는 '내가 다녀온 지역에 관한 뉴스라서' '수업 시간에 들어본 이름이라서' '사회 숙제에 쓸 수 있는 자료라서' 등 스크 랩을 한 이유나 목적을 꼭 쓰게 합니다. 신문 기사는 아이들이 평소 접 하기 어려운 최신 뉴스와 사회 전반의 소식을 알 수 있는 실용적인 글 입니다. 신문을 기행문, 설명문, 논설문, 혹은 일기 등의 자료로 활용할 방법을 함께 이야기해보세요. 아이가 작은 신문 속에서 커다란 흐름을

- 주제 : 프랑스정부의 백신접종의무화
- 이유 : 우리 나라와는 달리 백신접종을 의무화한 프랑스는 어떤일이 될까 궁금해서
- 출처 : 어린이동아 1면 2021. 7. 22. (목)

2021. 7. 22. (목)

프랑스 정부가 백신 접종을 의무화하는 정책을 내놓으면서 이를 반대하는 대규모 시위가 프랑스 전역에서 일어나고 있다.

미국 AP통신 등 외신은 17일(현지시간) 프랑스 정부의 백신 접종 의무화 정책에 반대하는 시위들이 시위를 벌였다며 이날 시위에 참가한 인원이 약 1만4000명을 달한다고 추산되며...

1. 사실상 백신 접종을 전 국민에게 의무화한 프랑스의 정책은?
   답 : 보건패스

2. 프랑스에서 코로나 확진자가 많이 나오는데 왜 백신접종 의무화를 반대 할까?
   답 : 프랑스 보건당국의 잘못된 판단으로 신뢰가 떨어져서

3. 나는 백신접종 의무화를 찬성한다.
   ① 코로나19에 면역이 생겨 완치율을 높일수 있다.
   ② 바이러스가 침투할 가능성이 낮아지기 때문에 코로나19 확산속도를 늦출수 있다.
   ③ 건강상의 이유로 못 맞는 사람이나 백신 부작용을 치료해주는 비용이 포함되어야 한다.

추산 (밀 추, 셀 산)
[estimate at ;]
대략어 셈함, 예〈예문〉그의 재산은 약 1억원 으로 추산된다

읽어내는 지혜를 갖기를, 자신만의 주관과 애정을 담아 세상을 바라볼
수 있기를 바랍니다.

초등 과목별
글쓰기 공부법

국어

문해력을 높이는 과목이다

"학교 안과 밖에서 이루어지는 대부분의 학습은 국어를 통해 이루어지므로 국어 능력은 학습의 성패를 결정하는 중요한 요인이 된다."[23] 국어과 교육과정에서는 국어과의 성격을 이처럼 설명합니다. 요즘 화두인 '문해력'이 바로 국어 능력입니다. 국어는 문해력을 높이는 방법을 안내하는 교과입니다. 문해력은 영어 단어 'literacy'를 해석한 낱말입니다. 'literacy'는 문식력, 언어능력, 국어 능력 등 다양한 말로 번역되지만, 여기서는 문해력으로 표현하겠습니다.

하루가 다르게 새로운 정보가 마구 쏟아집니다. 어제 유용했던 지식이 오늘은 쓸모없어지는 일은 더는 놀랄 만한 경험이 아닙니다. 그래서 구글을 비롯해 세계를 이끄는 기업들은 '학습 능력'을 가장 중요한 능력으로 봅니다. 현재는 물론 미래 사회 인재의 핵심 능력으로 꼽히는 학습 능력은 지능이나 지식의 양을 뜻하지 않습니다. 사람이 인공지능보다 더 많은 정보를 습득하고 빠르게 처리할 수는 없으니까요. 학습 능력이란 새로운 정보를 받아들여 내 지식으로 만드는 능력, 습득한 지식을 활용해 새로운 지식을 창출하는 능력입니다. 문해력이 뒷받침되지 않고는 학습할 수 없으니, 결국 우리 아이들이 성공적으로 공부하고 사회생활을 하기 위해서는 문해력이 필요합니다.

OECD는 33개국 16~65세 성인 16만 5,000명을 대상으로 문해력Literacy, 수리력Numeracy, 컴퓨터 기반 문제해결력PS-TRE: Problem Solving in Technologically Rich Environments 세 가지 영역의 역량을 조사했습니다. 국제성인역량조사 결과 문해력이 높으면 수리력과 컴퓨터 기반 문제해결력도 높은 것으로 나타났습니다. OECD에서는 문해력을 "문장을 이해하고, 평가하며, 사용함으로써 사회생활에 참여하고, 자신의 목표를 이루며, 자신의 지식과 잠재력을 발전시킬 수 있는 능력"이라고 결론 내렸습니다.

문해력이 높을수록 취업률과 소득도 높아졌습니다. 평균 취업률은 68%였으나 문해력이 높은 집단의 평균 취업률은 79%, 낮은 집단은 56%였습니다. 소득은 문해력 수준에 따른 차이가 61%나 되었습니다. 문해력은 건강에도 영향을 주었습니다. 문해력이 높은 그룹에서 '건강이 좋다'라고 답한 사람은 90%지만, 문해력이 낮은 그룹은 68%에 불과했습니다. 문해력은 학력뿐 아니라 직업, 소득, 건강까지 영향을 미칩니다.

국어 교과서의
학년별 성취 목표 파악하기

"문해력은 어떻게 높일 수 있을까요?"

"아이와 함께 국어 교과서를 살펴보세요. 모든 과목을 제대로 공부하는 것이 문해력의 기초를 다지는 일입니다."

요즘 문해력에 관한 관심이 높아지면서 문해력을 높이는 방법을 묻는 학부모님이 많아졌습니다. 20년간 초등학생을 지도해온 교사가 발견한 가장 효율적인 방법은 꾸준한 독서와 더불어 국어를 비롯한 모든 과목의 교과서를 찬찬히, 꼼꼼히 살펴보는 일입니다.

고등학생에게 '국어 영역'에 대한 생각을 물어보면 "공부해도 성적이 잘 오르지 않고, 안 해도 많이 떨어지지 않는 영역"이라고 말합니다. 화법, 문법 같은 영역을 제외한 대부분 문제는 읽고 이해해서 풀어야 하니 단기간에 성적을 올리기가 어려운 영역이겠죠. 국어 공부를 바탕으로 한 문해력은 다른 과목에도 영향을 끼칩니다.

20년 넘게 대입 영어를 지도해온 지인은 영어 성적이 오르지 않는다며 찾아오는 학생 중 열에 아홉은 문해력에 문제가 있다고 했습니다. 영어를 해석한 문장을 이해하지 못하는데 어떻게 답을 찾겠냐면서요. 문해력은 하루아침에 좋아지지 않습니다. 문해력은 풍부한 어휘와 배경지식을 바탕으로 맥락을 파악하는 능력까지 포함합니다. 문해력을 체계적으로 쌓는 데 도움을 주는 교과가 국어입니다.

그런데 국어는 책만 읽으면 된다고 생각하는 분들이 많습니다. 영어학원을 고르거나 집에서 영어 공부를 할 때는 듣기, 말하기, 읽기, 쓰기 영역을 모두 발달시키기 위해 신경을 쓰면서 말이죠. 물론 독서는 모든 공부의 기본이지만, 국어도 전 영역을 공부해야 합니다. 국어과의 영역은 교육과정에 반영되어 있으며, 교육과정을 잘 반영한 대표적인 교재는 교과서입니다. 수능 국어 영역의 화법, 작문, 독서(비문학), 문학, 문법도 교육과정을 반영한 평가입니다. 국어 능력이 곧 문해력이므로 문해력을 높이는 방법 또한 국어교육과정에서 찾을 수 있습니다.

국어는 문해력을 다지는 교과라는 측면에서 모든 과목의 기본이 되는 교과입니다. 자녀가 국어 교과서에 나오는 학습 목표에 도달했는지 확인하세요. 교과서에 나오는 학습 목표는 문해력을 갖추기 위해 훈련해야 할 요소를 학생의 눈높이에서 쉬운 말로 풀어놓은 문장입니다. 차시별 학습 목표를 살펴볼 시간이 없다면, 교과서 단원 제목을 훑어보기만 해도 해당 학년에서 익혀야 할 내용을 알 수 있습니다.

국어 교과서 단원 제목

	1학기	2학기
1학년	· 바른 자세로 읽고 쓰기 · 재미있게 ㄱㄴㄷ · 다 함께 아야어여 · 글자를 만들어요 · 다정하게 인사해요 · 받침이 있는 글자 · 생각을 나타내요 · 소리 내어 또박또박 읽어요 · 그림일기를 써요	· 소중한 책을 소개해요 · 소리와 모양을 흉내 내요 · 문장으로 표현해요 · 바른 자세로 말해요 · 알맞은 목소리로 읽어요 · 고운 말을 해요 · 무엇이 중요할까요 · 띄어 읽어요 · 겪은 일을 글로 써요 · 인물의 말과 행동을 상상해요
2학년	· 시를 즐겨요 · 자신 있게 말해요 · 마음을 나누어요 · 말놀이를 해요 · 낱말을 바르고 정확하게 써요 · 차례대로 말해요 · 친구들에게 알려요 · 마음을 짐작해요 · 생각을 생생하게 나타내요 · 다른 사람을 생각해요 · 상상의 날개를 펴요	· 장면을 떠올리며 · 인상 깊었던 일을 써요 · 말의 재미를 찾아서 · 인물의 마음을 짐작해요 · 간직하고 싶은 노래 · 자세하게 소개해요 · 일이 일어난 차례를 살펴요 · 바르게 말해요 · 주요 내용을 찾아요 · 칭찬하는 말을 주고 받아요 · 실감 나게 표현해요
3학년	· 재미가 톡톡톡 · 문단의 짜임 · 알맞은 높임 표현 · 내 마음을 편지에 담아 · 중요한 내용을 적어요 · 일이 일어난 까닭 · 반갑다, 국어사전 · 의견이 있어요 · 어떤 내용일까 · 문학의 향기	· 작품을 보고 느낌을 나누어요 · 중심 생각을 찾아요 · 자신의 경험을 글로 써요 · 감동을 나타내요 · 바르게 대화해요 · 마음을 담아 글을 써요 · 글을 읽고 소개해요 · 글의 흐름을 생각해요 · 작품 속 인물이 되어

4 학 년	· 생각과 느낌을 나누어요 · 내용을 간추려요 · 느낌을 살려 말해요 · 일에 대한 의견 · 내가 만든 이야기 · 회의를 해요 · 사전은 내 친구 · 이런 제안 어때요 · 자랑스러운 한글 · 인물의 마음을 알아봐요	· 이어질 장면을 생각해요 · 마음을 전하는 글을 써요 · 바르고 공손하게 · 이야기 속 세상 · 의견이 드러나게 글을 써요 · 본받고 싶은 인물을 찾아봐요 · 독서 감상문을 써요 · 생각하며 읽어요 · 감동을 나누며 읽어요
5 학 년	· 대화와 공감 · 작품을 감상해요 · 글을 요약해요 · 글쓰기의 과정 · 글쓴이의 주장 · 토의하여 해결해요 · 기행문을 써요 · 아는 것과 새롭게 안 것 · 여러 가지 방법으로 읽어요 · 주인공이 되어	· 마음을 나누며 대화해요 · 지식이나 경험을 활용해요 · 의견을 조정하며 토의해요 · 겪은 일을 써요 · 여러 가지 매체 자료 · 타당성을 생각하며 토론해요 · 중요한 내용을 요약해요 · 우리말 지킴이
6 학 년	· 비유하는 표현 · 이야기를 간추려요 · 짜임새 있게 구성해요 · 주장과 근거를 판단해요 · 속담을 활용해요 · 내용을 추론해요 · 우리말을 가꾸어요 · 인물의 삶을 찾아서 · 마음을 나누는 글을 써요	· 작품 속 인물과 나 · 관용 표현을 활용해요 · 타당한 근거로 글을 써요 · 효과적으로 발표해요 · 글에 담긴 생각과 비교해요 · 정보와 표현 판단하기 · 글 고쳐 쓰기 · 작품으로 경험하기

각 학년에서 성취해야 할 문해력은 국어 교과서의 단원 제목에서 찾을 수 있습니다. 자녀의 교과서를 펼쳐보고, 자녀가 국어 교과서에서 나온 질문에 꼼꼼하게 답하고 있는지 확인하는 것이 문해력의 발달 정도는 물론 수업 시간에 집중하고 있는지를 빠르고 정확하게 파악하는 방법입니다.

단원 제목의 어미를 살펴보면, 국어 시간에 하는 활동을 알게 됩니다. 말하고, 대화하고, 읽고, 나타내고, 토의하고, 찾고, 쓰는 활동을 하리라 예상할 수 있습니다. 국어 교과서에 나오는 문제의 어미에는 국어 시간에 하는 활동이 더 고스란히 나와 있습니다. 국어과의 영역은 듣기·말하기, 읽기, 쓰기, 문법, 문학이며 매일 우리가 국어를 매개로 의사소통하는 방법으로 구성되어 있습니다. 다섯 개의 영역이 골고루 발달하면 문해력은 저절로 따라옵니다.

오른쪽에 각 학년 국어 교과서의 단원 제목과 2015 국어과 교육과정 성취 기준을 참고해 점검표를 만들었습니다. 자녀가 각 학년에 알맞은 문해력을 갖추었는지 확인해보시기 바랍니다.

학년군별 국어과 성취 기준 점검표

	1~2학년	3~4학년	5~6학년
듣기·말하기	☐ 상황에 알맞은 인사말 주고받기 ☐ 일의 순서 이해하기 ☐ 알맞은 낱말을 사용하여 감정을 표현하기 ☐ 주의 집중하며 듣기 ☐ 바르고 고운 말 사용하기 ☐ 읽기에 흥미 갖기	☐ 경험을 나누는 대화하기 ☐ 회의하기(의견 교환) ☐ 인과관계 이해하기 ☐ 알맞은 표정, 몸짓, 말투를 활용하여 말하기 ☐ 요약하며 듣기 ☐ 대화 예절 지키기	☐ 토의하기(의견 조정) ☐ 토론하기(절차, 규칙, 주장, 근거) ☐ 발표할 내용 정리하기 ☐ 알맞은 매체를 활용하여 발표하기 ☐ 추론하며 듣기 ☐ 공감하며 듣기
읽기	☐ 정확하게 소리 내어 읽기 ☐ 알맞게 띄어 읽기 ☐ 주요 내용 확인하기 ☐ 인물의 처지와 마음 짐작하기 ☐ 읽기에 흥미 갖기	☐ 중심 생각 파악하기 ☐ 대강의 내용 간추리기 ☐ 낱말의 의미나 생략된 내용 짐작하기 ☐ 사실과 의견 구별하기 ☐ 읽기 경험 나누기	☐ 배경지식 활용하여 읽기 ☐ 글의 구조에 따라 요약하기 ☐ 주장과 주제 파악하기 ☐ 내용 타당성 판단하기 ☐ 표현 적절성 판단하기 ☐ 매체에 따라 다양한 읽기 방법 적용하기 ☐ 읽기 습관 점검하기 ☐ 스스로 찾아 읽기
쓰기	☐ 글자 정확하게 쓰기 ☐ 글씨 바르게 쓰기 ☐ 완성된 문장 쓰기 ☐ 짧은 글 쓰기 ☐ 경험에 대한 생각이나 느낌 쓰기(일기, 생활문) ☐ 쓰기에 흥미 갖기	☐ 중심 문장과 뒷받침 문장을 갖추어 문단 쓰기 ☐ 시간의 흐름에 따라 쓰기 ☐ 마음을 표현하는 글쓰기(편지글) ☐ 쓰기에 자신감 갖기	☐ 의미를 구성하며 쓰기 ☐ 목적과 주제에 따라 알맞은 매체를 선정하여 글쓰기 ☐ 설명 대상의 특성에 맞게 쓰기(설명문) ☐ 근거를 들어 주장하는 글을 쓰기(논설문) ☐ 체험에 대한 감상 쓰기(기행문) ☐ 독자를 존중·배려하며 쓰기

| 문법 | ☐ 한글 자모의 이름과 소릿값 알기
☐ 소리와 표기의 관계 이해하기
☐ 문장부호 바르게 사용하기
☐ 글자, 낱말, 문장에 흥미 갖기 | ☐ 낱말의 기본형 파악하여 국어사전 찾기
☐ 낱말의 의미 관계 이해하기(유의어, 반의어, 상·하의어)
☐ 문장의 짜임 알기
☐ 높임법 바르게 사용하기
☐ 한글을 소중히 여기는 태도 갖기 | ☐ 언어는 사고와 의사소통의 수단임을 알기
☐ 낱말 확장 방법 알기 (합성어, 파생어)
☐ 낱말의 의미 파악하기 (문맥 활용, 다의어, 동음이의어)
☐ 관용 표현 활용하기(관용어구, 속담 등)
☐ 문장성분 이해하기(주어, 서술어, 목적어)
☐ 호응 관계 이해하기
☐ 국어 바르게 사용하기 |
| 문학 | ☐ 작품 낭독·낭송하기
☐ 인물의 모습·행동·마음을 상상하기
☐ 말의 재미 느끼기
☐ 생각, 느낌, 경험 표현하기
☐ 문학에 흥미 갖기 | ☐ 감각적 표현의 효과 활용하기(의성어, 의태어, 비유적 표현)
☐ 인물, 사건, 배경 이해하기
☐ 이야기 흐름 파악하기
☐ 이야기 이어 구성하기
☐ 작품에 대한 생각과 느낌 표현하기(독서 감상문) | ☐ 문학의 가치와 아름다운 표현 알기
☐ 작품 속 세계와 현실 세계 비교하기
☐ 비유적 표현을 활용하여 표현하기
☐ 경험을 이야기나 극으로 표현하기
☐ 작품을 통해 소통하기
☐ 작품에서 발견한 가치 내면화하기 |

논술도
학교 공부가 기본이다

초등학교 3~4학년만 되어도 "우리 아이는 글을 너무 못 써요. 중고등학교에 가면 수행평가가 전부 글쓰기라는데, 학원에라도 보내야겠어요.” 하고 조바심을 내시는 학부모님이 많습니다. 부모님의 관심을 반영하듯, 국어 관련 학원 간판 중 가장 많은 이름은 ‘논술’입니다. 아이와 대화할 시간도, 기력도 없는데 논술까지 가르칠 엄두가 나지 않는 부모님의 마음을 백번 이해하고도 남습니다. 정신없이 저녁 해먹고, 치우고 나면 벌써 잘 시간입니다. 도대체 남들은 어떻게 엄마표 공부를 하는지 알 수 없는 노릇이죠. 마음먹고 아이와 공부하려고 해도, 아이가 클수록 점점 부모의 말을 들으려고 하지 않으니 자녀를 가르치기가 점점 더 어려운 것도 잘 압니다.

믿고 맡길 만한 논술학원을 알고 있다면, 보내세요. 글쓰기를 전문적으로 지도하는 곳이니 체계적으로 글쓰기를 배울 수 있을 겁니다. 다만, 몇 년씩 논술학원에 다녔다고 하는데도 학교에서 3학년 때 배우는 문단의 개념도 모르는 고학년 학생을 많이 봤기에 아이가 글쓰기 기초를 잘 다지고 있는지는 점검했으면 합니다. 글쓰기 실력은 단번에 늘지 않으니, 글을 잘 쓰기 위한 준비에 시간이 오래 걸립니다. 글쓰기 기초를 탄탄히 다지고 있는지 점검하는 방법은 아이가 학교에서 배운 부분을 꼼꼼하게 잘 채웠는지 교과서를 확인하면 됩니다. 논술과 국어 교과서가 무슨 관련이 있을까요?

논술은 논설문입니다. 논설문은 6학년 1학기에 나옵니다. ‘논설문’이라는 용어가 6학년 때 나오긴 하지만, 논설문을 쓰기 위한 직접적인 준비는 문단의 구성, 중심 생각 찾기, 의견 내세우기, 사실과 의견 구분하기 등 3학년부터 시작합니다. 논설문을 쓰려면 내세울 주장이 있어야 하고, 주장을 내세우려면 보거나 들은 일, 겪은 일에 관한 생각이 있어야 합니다. 모든 글의 시작은 서사문입니다. 흔히 우리가 말하는 생활문이죠. 일기가 생활문의 기본이니, 논술은 1학년 때 배우는 일기 쓰기부터 시작되는 셈입니다.

논술의 생명은 논리에 있고, 일기에는 주관적인 생각과 느낌이 들어가는데, 논술과 일기를 연결하는 것이 억지라는 생각이 드나요? 과연 서사문에는 논리적인 흐름이 없을까요? 경험한 일을 쓰려면 시간이나 장소의 흐름에 따라 글을 써야 합니다. "내가 숙제를 했다고 거짓말을 해서 엄마가 화가 많이 났다."와 같이 지극히 사적인 사건에도 원인과 결과가 있습니다. 논술은 주장과 근거가 이치에 맞아야 하고, 서론, 본론, 결론을 흐름에 맞춰 써야 합니다. 근거에 요점이 잡혀 있어야 하고, 각 문단은 중심 문장과 뒷받침 문장이 명확해야 합니다. 주장에 관한 객관적인 근거를 제시해야 하니 논술을 쓰려면 설명하는 글도 쓸 수 있어야 합니다.

논술에는 일정한 틀이 있습니다. 틀에 맞춰 쓰기를 반복하면 논술의 형식에 잘 맞춘 글이 나옵니다. 논술은 형식에 맞추는 것도 중요하지만, 핵심은 내용입니다. 대입 논술 문제는 주어진 글이나 자료를 보고 요약·분석해 자신의 견해를 논리적으로 밝히도록 합니다. 주어진 글과 자료를 이해하지 못하면 아예 시작조차 할 수 없습니다. 이해했더라도 견해가 없으면 글을 쓸 수 없습니다. 평소 다양한 글과 자료를 접하며 이해하는 능력, 경험한 일에 관한 생각이나 느낌을 정리하는 내공이 쌓여 있어야 논술을 쓸 수 있습니다. 국어 시간, 매 차시에 충실하게 수업을 듣는 것이 곧 논술을 준비하는 과정입니다. 국어뿐 아니라 수학, 사회, 과학, 도덕 등 다양한 분야의 지식을 쌓아야 글을 쓸 수 있습니다. 아이가 읽는 책, 학교 공부가 곧 모든 글쓰기의 기초입니다.

국어 교과서로 배우는 갈래별 글쓰기

"학교에서는 글쓰기를 안 가르쳐서 답답해요."

학부모가 많은 카페에 가보면 중고등학교 수행평가와 대학 입시에는 독서 감상문, 논술 쓰기가 중요한데, 아이가 글을 너무 못 쓰니 학원을 보내야 하나 고민하는 글이 자주 보입니다. 하지만 초등교사에게는 학교에서 글쓰기를 안 가르친다는 말처럼 억울한 말이 없습니다. 초등학교 1학년 일기부터 편지글, 독서 감상문, 설명문, 논설문까지 갈래별 글의 예시와 글쓰기 방법이 국어 교과서에 모두 나오기 때문에 학교에서 글쓰기를 안 가르칠 수가 없거든요.

하지만 아이들이 쓴 글을 보면, 학교에서 글쓰기를 가르치지 않는다고 오해할 만합니다. 6학년 아이들이 쓴 글도 당황스러울 정도로 형편없을 때가 많으니까요. 우리 세대는 글쓰기 학원에 가지 않아도 갈래별 글쓰기를 할 수 있었습니다. 예전에는 지금보다 글을 더 많이 썼기 때문이지 않을까 하는 생각이 듭니다. 예전에는 숙제에서 일기가 빠지지 않았습니다. 방학에도 일기 쓰기는 멈추지 않았습니다. 날마다 일기 쓰기, 독후감 세 편 이상 쓰기 등의 방학 숙제가 있었지요. '백일장 대회'의 종류도, 참여하는 학생도 더 많았던 것 같습니다. 문종별 글짓기 대회도 있어서 학년에 해당하는 갈래별 글쓰기를 계속 연습했습니다.

그런데 요즘엔 교과 활동 외에도 각종 행사와 활동이 많아서 국어 시간 외에는 글을 쓸 시간이 없습니다. 우리 반 학생들과 책 읽기와 글쓰기를 많이 하려고 노력하는 저도 글쓰기를 가르칠 시간을 내기가 참 빠듯합니다. 우리 집 아이들에게도 진득하게 글쓰기를 가르칠 시간이 턱없이 부족합니다. 그래도 글을 잘 쓰려면 글을 쓰는 것 외에는 방법이 없습니다.

일곱 살 무렵부터 날마다 저와 대화하며 하루 3줄 글쓰기와 일기를 꾸준히 써온 우리 아이들도 국어 시간에 배운 내용만으로는 갈래별 글을 잘 못 썼습니다. 3학년 2학기 국어 7단원에서 독서 감상문 쓰는 방법을 배우고 나서도 여전히 짧은 독서록 수준의 글을 썼습니다. 교과서를 펼쳐보니 국어 교과서에는 제법 틀을 갖추어 잘 써놓았습니다. 우리 반 아이들도 마찬가지였습니다. 수업 시간에 분명히 글 쓰는 방법을 익히고, 국어책을 검사할 때도 잘 써놓았는데 막상 글을 쓰라고 하면 잘 못 썼습니다. 다른 과목은 문제 풀이로 복습을 해도 되지만, 국어는, 특히 글쓰기 단원은 문제 풀이가 아니라 글쓰기로 복습해야 하는 걸 깨달은 순간이었습니다. 초등학교 국어 시간에 충실히 배우고, 배운 내용을 생활 속에 적용하도록 도와준다면 갈래별 글쓰기는 물론 문해력도 해결됩니다.

　학교에서 분수를 배우고 분수 관련 문제를 해결하는지 확인하는 것처럼 글쓰기를 배우고 아이가 글을 잘 쓰는지 점검해야 합니다. 한 달에 두 번 정도만 시간을 내 아이의 국어 교과서를 살펴보세요. 글쓰기와 관련 있는 단원은 단원 학습을 마치고 난 다음에 한 번 더 짚고 넘어가면 됩니다. 해당 단원의 마지막 즈음을 보면, 아이가 완성한 글이 보일 겁니다. 교과서에 제시된 분량과 글의 형식에 맞게 잘 썼는지 확인해주세요. 국어 교과서에 쓴 글의 양과 질이 부족하면 보충학습이 필요합니다. 글쓰기 단원은 보통 10차시에 걸쳐 쓰는 과정을 차근차근 안내합니다. 어디에서 막혔는지 확인해보세요. 막힌 부분부터 아이와 같이 국어 교과서를 읽고, 글을 알차게 쓰도록 도와주세요.

　날마다 교과서를 점검할 필요도 없고, 그럴 시간도 없습니다. 국어교과서는 한 학기에 평균 10개 정도의 단원으로 구성되어 있으니, 한 달에 2~3개 단원씩 학습하는 셈입니다. 한 단원이 끝날 때마다 교과서를 보면서 활동을 충실히 했는지 확인해주세요. 교과서를 보면 아이가수업에 임하는 자세도 볼 수 있습니다. 자녀의 학습 상태는 물론 학습태도도 점검할 수 있으니 교과서를 꼭 확인해보시길 바랍니다.

3학년부터 시작하는 공책 정리

국어 교과서를 활용해 문해력을 다지는 활동은 공책 정리가 중심이 됩니다. 저는 3~4학년 학생부터 공책 정리를 지도합니다. 학습서나 학습 관련 동영상에서 공책 정리는 효과적인 공부법으로 빠지지 않고 등장합니다. 그런데 이 좋다는 공책 정리를 1~2학년 때 하지 않고 3~4학년 때 지도하는 이유는 무엇일까요? 공책 정리를 가르치려다 더 중요한 걸 놓칠 수 있기 때문입니다.

1~2학년의 영역별 성취 기준에서 빠지지 않고 등장하는 요소는 '흥미 갖기'입니다. 그때는 학교에 적응하고, 기초학력과 기본적인 생활습관을 다지면서 공부에 흥미를 갖는 것이 가장 중요한 과업입니다. 문해력을 다져야 한다고 초등학교 저학년, 심지어 유치원에 다니는 아이에게 필사를 시키는 부모님을 자주 만났습니다. 아이가 필사와 글쓰기를 즐겁게 하면 괜찮습니다. 그러나 저학년 때 억압적으로 많은 양의 독서와 글쓰기를 시키면 공부에 대한 흥미를 잃기 쉽습니다. 책을 즐겁게 양껏 읽는 것이 문해력을 높이기 위한 가장 중요하고도 효과적인 방법이라는 걸 잊지 않았으면 합니다. 1~2학년의 성취 기준에 나온 바와 같이 책을 즐겨 읽고, 하루에 적어도 40분 동안 엉덩이를 떼지 않고 책상 앞에 앉아 있는 습관을 들이는 것만으로 충분합니다.

3학년이 교과서를 활용해 공책 정리를 시작하기 좋은 시기인 이유는, 아이들이 처음 과목별 교과서를 받는 시기이기 때문입니다. 1월 1일에 새로운 결심을 하는 사람이 많은 것처럼, 국면이 변화하는 시기에 새로운 습관을 들이기가 쉽습니다. 2학년 말에 3학년 교과서를 나눠 주면 아이들이 "왜 이렇게 교과서가 많아요?" 하며 놀랍니다. 2학년까지는 교과서의 종류가 국어, 수학, 통합 정도인데, 3학년은 과목 수만 아홉 개니까 말입니다. 자녀가 받아온 교과서를 함께 훑어보면서 3학년은 교과 공부를 시작하는 시기라는 걸 알려주세요.

3~4학년의 성취 기준에서 눈에 띄는 요소는 '경험 나누기'와 '자신감 갖기'입니다. 1~2학년 아이들은 부모님과 선생님의 말에 영향을 많이 받습니다. 어른의 칭찬 한마디에 울고 웃습니다. 그러나 3~4학년이 되면 객관적인 시각을 갖기 시작하기 때문에 거짓 칭찬을 금방 알아챕니다. '내가 이 정도면 잘하는구나.' 하고 느낄 만한 수준을 스스로 만듭니다. 자기의 기준에 충족해야 만족감과 성취감을 느낍니다. 국어 교과서에 나오는 질문에 답을 잘하는지가 최소한의 기준입니다. 학교에서 날마다 접하는 학습 활동이 교과서를 읽고 답하는 일이라서 그렇습니다.

5~6학년쯤에는 사춘기에 접어드는 아이가 많습니다. 부모가 아이를 붙잡고 집공부를 시키기가 어려워지는 시기입니다. 학습량이 많아지고, 학교와 학원에 머무르는 시간이 길어져서 부모가 옆에서 가르치기가 더 어렵습니다. "내 친구는 안 하는데 왜 나만?" 하고 따지지 않으면서 글씨 쓰기를 부담스러워하지 않는 시기인 3~4학년 때 교과서를 읽고 공책 정리를 활용해 집공부를 시작하는 걸 추천합니다.

그렇다고 초등학교 고학년 학부모님이 시도도 해보지 않고 포기하지 않았으면 좋겠습니다. 글을 쓰자고 하니 입이 툭 튀어나와 짜증을 부리는 사춘기 아들내미, 딸내미를 앉혀놓고 『사춘기 준비 사전』으로 하루 3줄 글쓰기를 해내시는 부모님들의 경험을 많이 들었습니다. 아이와의 관계를 유지하고 회복하기 위해 글쓰기를 핑계로 대화에 집중했다고 합니다. 처음엔 하기 싫다며 화를 내던 사춘기 아이도 자기가 좋아하는 간식을 앞에 두고, 어떤 말이든 일단 수긍하고 토닥이는 부모님을 보며 조금씩 변하는 모습을 보았다는 말도 전해 들었습니다.

집공부도 접근 방법이 중요합니다. 괴발개발 쓴 글씨와 낙서만 있는 교과서를 보고 평정심을 유지할 부모가 있을까 싶습니다. 저도 버럭 소리를 지르고 집공부를 끝낼 때가 있습니다. 그래도 마음을 다잡고, 아이에게 학습 습관을 들이고 혼자 공부하는 방법을 알려주기 위해 아이와 함께 책상에 앉습니다. 제가 아이의 마음을 이해하고, 교과서를 중심으로 집공부를 계속하는 데 큰 도움이 된 제자의 말이 이 글을 읽는 부모님께도 도움이 되었으면 좋겠습니다.

"선생님, 제가 작년까지만 해도 성적이 최악이었어요. 그런데 이거 아세요? 공부 못하는 애 중에 마음 놓고 노는 애는 몇 명 없어요. 못하고 싶어서 못하는 게 아니잖아요. 잘하고 싶은데 안 되어서 자존심 상하니까 관심 없는 척, 괜찮은 척하는 거라고요.

중학교 2학년 겨울방학이 되니 누구는 영재고, 누구는 과학고 준비한다는 거예요. 같은 초등학교를 졸업하고, 중학교도 같이 다니고, 다니는 학원도 똑같은데 왜 나는 걔네처럼 공부를 못 하는지 짜증 났어요. 그래서 나는 ○○고등학교라도 가야겠다고 마음먹었어요. 마음먹고 스터디 카페에 일찍 가서 문제집을 풀었어요. 그런데 두 개 맞고 다 틀린 거예요.

열받아서 다 때려치우고 피시방이나 가려고 했죠. 그런데 '나 초등학교 땐 공부 잘했는데.' 하는 생각에 씁쓸하다가 중고등학교에 가서도 교과서부터 잘 읽으라는 선생님 말씀이 떠올랐어요. '그럼 교과서에 나온 문제는 풀 수 있을까?' 하는 생각이 들었어요. 교과서에 있는 문제를 꼼꼼히 풀고, 정리하면서 성적이 오르기 시작했어요. 고등학교부터가 진짜 공부라고 하니까 더 잘해볼 거예요."

교과서로 학습 내용 체크하는 법

집공부는 복습이 기본입니다. 교과서 읽기, 교과서에 나온 활동 꼼꼼히 했나 확인하기, 배운 내용 정리하기로 이루어집니다. 날마다 할 필요는 없고 한 개의 단원이 끝날 무렵에 하면 되기 때문에 1~2주에 한 번만 하면 됩니다.

① 학습 목표를 중심으로 교과서 한 번 더 읽기

교과서에 나온 학습 목표와 지시문을 잘 읽어보면, 꼭 알아야 할 내용이 보입니다. 의외로 가장 중요한 이 부분을 보지 않고 본문만 읽는 아이가 수두룩합니다. 예를 들어 학습 목표가 '독서 감상문에 대해 알기'라고 쓰여 있고, 지시문이 '독서 감상문의 특징을 생각하며 「바위나리와 아기별의 우정」을 읽어봅시다.'라고 되어 있다면, 아이는 독서 감상문의 요소를 생각하며 글을 읽어야 합니다. 독서 감상문을 어떻게 써야하는지를 알고, 실제로 글을 읽고 독서 감상문을 쓸 수 있어야 합니다.

② 교과서 활동을 성실히 했는지 확인하기

보통 교과서는 단원 학습 목표에 도달하기 위해 체계적으로 구성되어 있습니다. 차시별로 차근차근 학습 활동을 해내면서 단원 학습 목표를 성취합니다. 독서 감상문 단원도 독서 감상문의 예시 읽기에서 시작해 독서 감상문 내용 구성하기, 독서 감상문 쓰기로 이어집니다. 그러므로 교과서 활동을 성실히 했는지 확인하면, 아이가 그 단원의 학습 목표를 성취했는지 알게 됩니다.

③ 국어활동 교과서 확인하기

국어활동 교과서는 학습한 내용을 스스로 점검하고, 보충·심화하는 데 도움을 주는 국어 보조 교과서입니다. 좋은 문학작품이 실려 있고, 각 단원에서 학습한 내용을 효과적으로 점검하도록 구성되어 있습니다. 특히 각 단원 마지막에 있는 '기초 다지기'는 올바른 발음과 맞춤법을 다루고 있어 한글 해득과 한글 문법을 익히도록 구성되어 있습니다. 교육전문가 민성원은 "정확한 발음으로 글을 읽는 건 우리말 문법을 자연스럽게 터득하는 가장 좋은 방법"[24]이라고 하면서 평소에 올바른 발음으로 글을 읽으라고 강조합니다. 초등학교에서는 문법을 깊이 있게 배우지는 않지만, 바르게 읽기와 같은 문법의 기초를 다집니다. 국어활동 교과서는 가정학습용 교과서라서 학교에서 확인하지 않고 넘어가기 쉬우므로, 복습할 때 꼭 포함해주세요.

④ 개념 정리하기

중요한 학습 활동은 교과서에서 하기 때문에 따로 공책 정리를 하지 않아도 되는 단원이 많습니다. 다만 국어에도 독서 감상문에 들어갈 내용, 높임 표현을 만드는 방법, 감각적 표현, 올바른 발음과 맞춤법 등 기억해야 할 개념이 있습니다. 한 단원을 마치는 데 보통 2주가 걸립니다. 한 단원을 마치고 나면 아이와 함께 국어, 국어활동 교과서를 한 번 더 살펴보고, 개념을 정리해야 할 내용은 공책에 정리합니다.

3-1. 재미가 팡팡팡

감각적 표현 │ 우리는 눈으로 보고, 귀로 듣고, 입으로 맛보고, 코로 냄새 맡고, 손으로 만지면서 사물을 느낄 수 있어요. 사물의 느낌을 생생하게 표현한 것을 감각적 표현 이라고 해요.

소 나 기

오순택

누가 잘 익은 콩을
저렇게 쏘고 있나 (은유)

또로록 마당 가득
실로폰 소리 난다 (직유)

소나기 그치고 나면
하늘 벌이 더 많다 (은유)

반짝반짝
감기
감각적
표현

·뚝뚝! 바스락!
·쿵쾅쿵쾅 심장이 뛰더니 점점 작아
져서 졸린다만 하게 되는 것 같았어.
·바삭! 바삭!
·"캭악! 끽! 끼룩! 끼!"

PINKFOOT

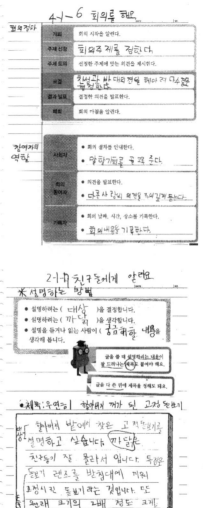

4~6 회의를 해요

회의 절차

개회	회의 시작을 알린다.
주제 선정	회의주제를 정한다.
주제 토의	선정한 주제에 맞는 의견을 제시한다.
표결	찬성과 반대의 견을 헤아려 다수결 능결한다.
결과 발표	결정된 의견을 발표한다.
폐회	회의 마침을 알린다.

참여자의 역할

사회자	● 회의 절차를 안내한다. ● 말할 기회를 골고루 준다.
회의 참여자	의견을 발표한다. ● 다른 사람의 의견을 주의깊게 듣는다.
기록자	● 회의 날짜, 시간, 장소를 기록한다. ● 회의 내용을 기록한다.

2-1. 친구들에게 알려

※ 설명하는 방법

● 설명하려는 (대상)을 결정합니다.
● 설명하려는 (까닭)을 생각합니다.
● 설명을 듣거나 읽는 사람이 (궁금해할 내용)을 생각해 봅니다.

> 글을 쓸 때 설명하려는 내용이 잘 드러나는 제목도 붙여야 해요.

> 글을 다 쓴 뒤에 제목을 정해도 돼요.

● 제목: 우연히 할아버지 께가 된 고장 돋보기

대상 [할아버지 밭에서 찾은 고철 돋보기를
설명하고 싶습니다. (까닭)
친구들이 잘 몰라서 입니다. 특징은
돋보기 렌즈를 받침대에 끼워
고정시킨 돋보기라는 것입니다. 또
원래 크기의 2배 정도 크게
보입니다. 어디에 쓰이냐면 할아버지가
밭에서 키우는 식물의 씨앗을
고르고 하는데 쓰입니다.

영어
공부의 목표를 분명히 세워라

자녀의 영어교육을 어떻게 하면 좋을지 묻는 분들에게 저는 자녀가 영어로 뭘 하면 좋겠는지부터 물어봅니다. 목적지를 알아야 길을 찾을 수 있는 것처럼, 영어교육도 목적이 있어야 적절한 방법을 찾을 수 있습니다. 영어 공부를 하는 이유가 사람마다 다른 것처럼 자녀의 영어교육 목표도 부모마다 다릅니다. "곧 인공지능이 실시간 번역을 해줄 텐데, 영어에 시간과 돈을 투자하는 건 아깝다." "대학 입학에서 걸림돌이 되지 않으면 된다." "외국인과 거리낌 없이 의사소통했으면 좋겠다."는 의견 모두 존중합니다.

영어교육의 목표가 무엇이든, 공부해야 하는 이유를 알고 공부를 하면 좀 더 능동적으로 공부할 수 있습니다. 공부하는 이유가 곧 학습 동기인 셈이죠. 유튜브를 보는 아이라면 조회수 만으로도 영어의 힘을 실감하게 할 수 있습니다. 한국어의 한계를 뛰어넘어 엄청난 조회수를 기록한 콘텐츠를 통해 창의성과 문화의 힘을 느낄 수도 있겠지만, 대개 영어로 된 콘텐츠는 종류와 조회수 만으로 한국어 콘텐츠를 압도합니다.

한번은 아이가 게임 관련 이미지가 필요하다며 포털 사이트를 검색했습니다. 마침 그 게임이 외국에서 개발한 게임이어서 게임 이름을 한 번은 한글로, 한 번은 영어로 구글에 입력해 검색 결과를 보여주었습니다. 영어로 검색했을 때 결과가 20배 이상 많았습니다. 유튜브 검색 결과도 콘텐츠의 질과 종류에서 차이가 났습니다. 아이는 한국어로 검색했을 때는 나오지 않던 콘텐츠를 보며 "영어를 다 알아들으면 더 재미있게 게임할 수 있겠는데…." 하고 아쉬워했습니다.

아무리 번역이 잘된 책이라도 원서의 감동을 그대로 전달할 수 없습니다. 눈을 마주 보고 어눌하게라도 우리말을 건네는 외국인에게 마음이 열리는 언어의 힘을 믿습니다. 저는 아이가 외국의 문화를 이해하고, 객관적인 시각에서 상황을 볼 힘을 기르기 바라며 영어를 가르칩니다. 한국 사람의 눈으로 쓴 글뿐 아니라 한국 밖에서 본 다양한 시각을 직접 보고 현명하게 판단할 수 있기를 바랍니다. 그래서 일부러 아이 앞에서 원서를 재미있게 읽고, 한국 신문 기사와 외국 신문 기사를 비교해서 보여줍니다.

영어교육 방법을 고민하기 전에 아이의 영어교육 목표를 정했으면 좋겠습니다. 그 목표를 아이와 공유하고, 아이도 영어를 배우는 이유를 수긍하면 훨씬 수월하게 영어 공부에 접근할 수 있습니다. 저와 아이는 영어 공부의 목표를 하고 싶은 일을 영어 때문에 포기하는 일이 없는 데 두었습니다. 하루아침에 결과가 눈에 보이지 않기에 욕심부리지 않고, 날마다 조금씩 영어의 감을 익히는 데 중점을 둔 우리 집 영어 공부 방법을 소개합니다.

영어도
문해력이 핵심이다

"영어 유치원에 보내는 게 좋을까요?"

아이가 유치원에 갈 무렵이면 본격적으로 영어 사교육 고민이 시작됩니다. 한 달에 100만 원이 훌쩍 넘는 영어 유치원에 보낼 가치가 있는지 계속 고민합니다. 아이마다 성향과 능력이 다르기에 정답은 없습니다. 영어 유치원도 천차만별이기에 정말 조심스럽습니다. 아이의 성향을 잘 파악해서 결정하라는 뻔한 답을 할 수밖에 없습니다. 그저 저는 다른 부모님보다 많은 아이를 지켜볼 기회가 있었기에 너무나 절박하게 물어보는 분께는 "국어를 놓치지 않을 자신이 있으면 영어 유치원에 보내세요."라고 답합니다.

영어 유치원에 가거나 영어 공부를 위해 해외에 나가는 것을 반대하지 않습니다. 영어는 언어이기에 절대적인 노출 시간을 확보해야 하는데, 아이가 어렸을 때 영어를 익히면 영어를 영어답게 익힐 수 있다는 장점이 있습니다. 다만 영어를 익히느라 더 중요한 모국어를 익힐 시간을 놓치지 않기를 바라는 마음에서 국어를 강조하는 겁니다. 영어 유치원을 선택한 부모님은 한글책 읽기에 더 신경을 써야 합니다.

각자 영어 공부의 목표가 다르지만, 여기서는 수능 영어 영역 1등급을 목표로 둔다고 가정하겠습니다. 어려서부터 영어를 많이 접하고, 외국에서 몇 년 살다 오면 수능 영어 영역에서 1등급을 받을 수 있을까요? 질문을 이렇게 바꿔보겠습니다. 어려서부터 한국에서 살고, 24시간 한국어를 사용하는 우리는 수능 국어 영역에서 1등급을 받을 수 있을까요? 한국어가 모국어인 우리도 국어 시험에서 좋은 성적을 거두기 어렵습니다. 문해력 때문입니다. 영어도 문해력이 좌우합니다.

영어학원에서 날마다 50개씩 영단어 시험을 본다는 우리 반 학생의 단어장을 본 적이 있습니다. '산업의' '합리적인' '추상적인'에 해당하는 영어 단어를 열심히 쓰고 읽고 있었습니다. 하지만 각 낱말의 뜻을 물으니 모르고 있었습니다. 'reasonable'을 불러주니 철자도 맞게 쓰고 '합리적인'이라고 바로 답이 튀어나왔지만, 정작 '합리적'이라는 단어의 뜻을 모르고 있었습니다. 밑 빠진 독에 물 붓기가 따로 없습니다. 언어는 생각의 도구입니다. 한국어가 모국어인 아이는 한국어로 생각합니다. 한참 사고가 폭발하는 시기에 다양한 경험 대신 영어 학습에만 몰두하는 건 현명한 결정이 아닙니다. 국어 실력이 영어 실력의 한계니까요.

문해력을 높이고 글을 잘 쓰기 위한 왕도는 독서입니다. 영어를 잘하는 방법도 모국어와 다르지 않다고 생각합니다. 영어책으로 영어를 접하면 영어를 가장 영어처럼 익힐 수 있고, 영어권 문화를 직간접적으로 이해할 수 있습니다. 영어를 학습해야 할 대상이 아니라 '언어'로 자연스럽게 접할 수 있습니다. 이미 영어 렉사일Lexile [25]과 ARAccelerated Reader [26] 지수 등을 참고해 영어책 읽기를 체계적으로 지도하는 분들이 많습니다. 수준별로 정리된 영어책 목록대로 아이에게 읽게 합니다. 그런데 아이가 책을 잘 읽지 않는다고, 영어 퀴즈를 잘 못 푼다고 속상해하는 부모님이 종종 보입니다. 이웃집 아이가 재미있게 읽은 책을 우리 아이도 잘 읽으리라 기대하면 안 됩니다. 권장 도서는 참고만 하고, 아이가 좋아할 만한 영어책을 같이 골라야 합니다.

저도 날마다 아이들과 한글책 읽기와 더불어 영어책 읽기를 빠지지 않고 하고 있습니다. 우리 아이들은 원래 책 읽기를 좋아하지 않았기 때문에 영어책 읽기는 더 힘들었습니다. 공룡을 좋아하는 아이와 공룡 책을 함께 읽듯, 영어책도 아이가 관심 있는 분야의 책을 함께 읽었습니다. 지금도 글만 빼곡하게 적힌 영어책은 스스로 읽지 않지만, 저와 함께 낄낄대며 읽은 책, 재미나게 소리 내 읽어준 책은 읽습니다.

아이와 책을 읽을 때는 아이의 반응에 따라 일희일비하지 않아야 합니다. 아이에게도 침해할 수 없는 독자로서의 권리가 있다는 것을 잊지 않으려고 애씁니다. 한글책은 자유롭게 읽게 두면서도, 영어책은 잘 이해했는지 꼭 짚고 넘어가려는 부모님이 있습니다. 영어 독서 관련 사이트에서 제공하는 이해도 점검 문제를 활용하는 건 좋지만, 그 결과를 보고 일희일비하지 마세요. 여러 번 읽은 책도 '이런 내용이 있었나?' 하고 새로울 때가 많습니다. 책을 여러 번 읽으면서 새로운 시각을 발견하는 것도 독서의 매력입니다. 읽은 내용을 잊어버릴 수도 있고, 중간에 지루하거나 이해가 안 되어서 훌훌 넘길 수도 있습니다. 영어책도 한글책처럼 마음 놓고, 뒹굴뒹굴하며 읽을 수 있게 해주세요. 영어 독서와 영어 공부를 구분해주세요.

영어 그림책
활용하기

우리나라처럼 실생활에서 영어로 의사소통할 기회가 없는 상황에서는 영어에 노출되는 시간을 확보하는 것이 중요합니다. 중고등학교에 비해 소화해야 할 학습량이 적고, 마음과 시간이 여유로운 초등학교 시기에 영어의 기초를 잡아주는 것이 좋습니다. 국어 실력 다지기를 소홀히 하지 않는다는 걸 전제로 말입니다. 유튜브를 비롯해 영어교육에 활용할 만한 다양한 인터넷 사이트와 앱이 있으므로 마음만 먹으면 집에서도 얼마든 영어 노출 시간을 확보할 수 있습니다.

영어는 언어이기에 날마다 공부해야 한다고 생각했습니다. 영어책 읽기를 매일 하고 있긴 하지만, 한국에 사는 우리 아이들에게 영어는 외국어입니다. 학습이 불가피하죠. 영어는 매일, 꾸준히 해야 지치지 않고 오래 할 수 있기에 영어 공부 방법을 정할 때 다음의 조건을 고려했습니다.

집공부를 위한 과제 선정 기준

1 과제 소요 시간 20~30분 내외인가?

2 아이 혼자 쉽게 할 수 있는 과제인가?

3 과제 점검은 부모가 지치지 않을 정도로 쉬운가?

4 네 가지 기능(듣기, 말하기, 읽기, 쓰기)을 동시에 사용하는가?

5 영어 문해력에 도움이 되는 과제인가?

영어 공부의 목적 역시 궁극적으로는 영어 문해력과 표현력의 향상이었기 때문에 영어책을 활용하기로 했습니다. 영어책으로 듣기, 말하기, 읽기, 쓰기를 모두 할 수 있는 방법을 생각하다가 '읽어주는 펜'을 활용해야겠다는 생각이 스쳤습니다. 시행착오를 거치면서 정착한 아이들의 영어 집공부 방법은 다음과 같습니다.

읽어주는 펜으로 그림책 공부하는 법

① 아이의 수준보다 살짝 쉬우면서 영어 음원이 있는 책을 선택하기

② 텍스트를 보기 전에 그림을 먼저 보며 영어 문장을 함께 만들기

③ 직접 만든 문장과 책에 나온 문장을 비교하며 읽기

④ 읽은 책에서 3~5문장씩 정해 집중적으로 듣고 따라서 말하기

⑤ 정한 문장을 읽어주는 펜으로 세 번 이상 듣고 따라 말하기

⑥ 원어민의 발음, 억양, 빠르기를 그대로 복사한다는 생각으로 말을 연습하기

⑦ 듣고 따라 한 문장씩 외우기

⑧ 외운 문장을 쓰기

⑨ 책을 보고 확인하고 틀린 문장은 스스로 고치기

영어 공부는 아이가 재미나게 읽은 책으로 시작합니다. 영어책 읽기와 영어 공부를 혼동하지 않습니다. 영어책은 자유롭게 마음껏 읽게 합니다. 그러나 영어책으로 영어 공부를 할 땐 깐깐하고 꼼꼼하게 짚고 넘어갑니다. 처음 한 달은 위의 과정을 처음부터 끝까지 함께했습니다. 습관이 되면 아이가 문장을 외워 말하고(⑦), 아이가 외워서 쓴 문장이 정확한지 확인할 때(⑨)만 부모가 점검합니다. 아이의 문장을 확인할 때는 마음을 너그럽게 먹었습니다. "왜 이걸 또 틀려?" 하는 말을 꿀꺽 삼켰습니다. 다른 공부도 그렇지만, 언어를 익히는 데는 더 오랜 시간이 걸린다는 것을 잊지 않으려고 노력했습니다.

영어 집공부는 책에 나온 영어 문장을 완전히 체화하는 데 목적이 있습니다. 원어민의 발음을 반복해서 듣고 그대로 따라 말하면서 외우고, 외운 문장을 정확히 쓰는 과정을 거칩니다. 아이가 혼자 모든 단계를 정확하게 할 때까지 한 달 정도는 옆에서 함께 외우고 썼습니다. 원어민과 똑같은 억양과 속도로 말하기가 어렵고 지루하기 때문에 할아버지 또는 아기처럼 말하기, 목소리를 최대한 비슷하게 내보기, 누가 빨리 말하나 초시계로 재기 등 다양한 놀이를 하며 연습했습니다. 책에 나온 그림을 보면 연상에 도움이 되고, 상황에 알맞은 표현을 연습하는 효과가 있으므로 그림을 자세히 보며 문장을 끄집어냈습니다. 책에 나온 문장 외에 그림을 보고 어떤 표현을 할 수 있는지 이야기하면 표현을 응용·확장할 수 있습니다.

완벽하게 외웠다고 생각한 문장도 직접 쓰려면 헷갈립니다. 대소문자와 문장부호까지 정확히 써야 하므로 자연스럽게 문법도 체득합니다. 하루는 아이가 똑같은 said를 쓰는데 'she said' 'said Biff'로 나오는 게 이상하다며 고개를 갸웃거렸습니다. 비슷한 문장이 여러 번 반복되자 "아! 대명사가 나오면 'she said'라고 쓰고, 이름을 쓸 땐 순서가 바뀌네!" 하고 스스로 깨우쳤습니다. 한번은 'went shopping' 'went to the supermarket' 'went to the restroom' 'went bang'이 한꺼번에 나오는 책을 읽고 쓰더니 "아휴, to는 도대체 어떨 때 들어가는 거야?" 하고 책을 뚫어지게 쳐다봤습니다. 그러다가 "아! 장소로 간다고 말할 땐 to를 쓰나?" 하고 혼잣말을 했습니다. 아이가 헤맬 때 해당

Kipper's Balloon.

Mom and Dad went shopping. ○

Kipper bouth a Balloon.
~~bouth~~ bought

They went the supermarket.

The Balloon went bang.
b

Kipper bout a now balloon.
bought

Dad went to the restroom.

Dad sow a balloon.
a

"Kippers Balloon!" said Dad.
b   he said.

Dad ran after it. ○

Kipper's Lace's

Kipper wanted new shoes. ○

He couden't tied his Laces.
couldn't

Dad helped him. ○

Kipper was at school. ○

The class had P.E. ○

Kipper couden't tied his Laces.
couldn't

Miss Green helped him. ○

Kipper was upsed.

He told Dad. ○

6.9. Village in the Snow
The children were at school. It was playtime.
"Come in," colled Mrs. May.
Mrs. May told the children a story.
The story was about a village. The village
was in the mountains.
Everyone liked the story. The story was The
Village in the Snow.
The children went to Biff's room. They
wanted an adventure.
6.10. Biff picked up the magic key. The key
began to glow.

"The magic key is working," said Biff.
The magic took children to the Village
in the Snow.
"It's lovely," said Biff.
Kipper jumped in the snow.
"I like the snow," he said.
"This is fun."
They played in the snow. They made a
snowman and put Kipper's hat on top.
biff. They jumped in the snow. They threw
snowballs.
"Look," said Wilma.

『Oxford Reading Tree(한솔교육)』 시리즈 발췌 문장 쓰기, 『Kipper's Balloon』 - Level 2, 10권 (1~11쪽), 『Kipper's Laces』 - Level 2, 13권 (1~9쪽), 『Village in the Snow』 - Level 5, 6권 (1~9쪽)

문법을 설명하는 문법 교재를 쓰윽 들이밀면 문법을 자연스럽게 흡수합니다. 책에 나온 표현에 익숙해지면 문법 따로, 영어 표현 따로 배우지 않고 자연스럽게 문법을 활용할 수 있습니다.

처음에는 한쪽에 그림 하나, 문장 하나씩만 나오는 쉬운 책으로 시작해서 점점 길고 복잡한 문장이 나오는 책까지 외웠습니다. 우리 집 아이들과는 『ORT Oxford Reading Tree』로 영어 문장 외우기를 시작했습니다. 『ORT』는 문장구조와 이야기가 반복되는 부분이 많아서 비교적 외우기 쉽고, 영국 문화와 지리, 역사도 엿볼 수 있습니다. 무엇보다 그림과 내용이 재미있고 영어 수준에 따라 선택하기가 쉽습니다. 아이의 흥미와 수준에 맞는 영어책을 고를 여유가 없는 분들께는 『ORT』 시리즈를 추천합니다.

글 많은 챕터북으로
넘어가는 방법

한글책 독서도 글이 많은 책으로 넘어가기가 어렵습니다. 문장을 온전히 이해하고 머릿속으로 장면을 상상하며 읽는 재미를 알아야 글이 많은 책도 서슴지 않고 읽을 수 있습니다. 그래서 저는 우리 반 아이들에게 글이 많은 책을 조금씩이라도 매일 읽어줍니다. 글이 가득한 책을 보고 지레 겁먹고 덮던 아이들도 선생님이 소리 내어 읽어준 책은 찾아서 읽어봅니다.

영어책도 그렇습니다. 영어 그림책을 잘 읽는 아이도 글이 많은 책, 흔히 챕터북이라고 부르는 책으로 넘어갈 때 고비가 찾아옵니다. 그럴 땐 영어책을 같이 읽고 이야기를 나누면 됩니다. 아이가 좋아할 만한 책을 고르고 한 권이라도 처음부터 끝까지 같이 읽으세요. 물론 '침해할 수 없는 독자의 열 가지 권리'에서 말하듯 처음부터 끝까지 다 읽지 않아도 됩니다. 읽다가 재미없으면 꾸역꾸역 읽지 말고, 다른 책을 아이와 찾아보세요. 아이가 '영어책인데 재미있네?' 하고 느끼는 순간 영어 공부의 왕도가 열립니다. 아이가 재미있게 읽을 수 있는 챕터북을 찾을 때까지는 부모님의 노력이 필요합니다.

다른 집 아이들은 챕터북을 쌓아놓고 읽는다는데, 우리 집 아이들은 꿈쩍도 하지 않았습니다. 속이 부글거렸지만, 이해도 안 되는 책을 붙잡고 있는 게 괴로운 일이란 걸 알기에 꾸욱 참았습니다. '한글책을 혼자 꺼내서 읽는 데 4년 걸렸으니, 영어책은 8년은 걸리겠지. 영어학원에서 뭐라도 읽으니 됐다.' 하고 여유 있게 생각했습니다. 한글책을 읽게 하려고 아이가 좋아하는 분야의 책을 여기저기 두었던 것처럼 영어책도 눈에 잘 보이는 곳에 두었습니다. 영어가 원문인 한글책을 먼저 재미있게 읽으면 원서를 함께 두었습니다. 아이들이 재미있게 본 동영상과 관계 있는 책도 펼쳐두었습니다.

마음을 비웠다가도 아이가 스스로 영어 챕터북을 읽을 때까지 기다

하루 3줄 초등 문해력의 기적

리고만 있다가는 한 권도 읽지 않고 중학생이 될 것 같았습니다. 사춘기 아들과는 싸우지만 않으면 다행이라는데, 영어 때문에 또 한 번 전쟁을 치르고 싶지 않았습니다. 아직 부모 말을 듣는 시기에, 그나마 시간이 많은 초등학교 시기에 영어책 읽기 경험을 쌓아주고 싶었습니다. 요리조리 궁리한 끝에 『ORT』 외우기를 끝내고 챕터북으로 영어 외워 쓰기를 이어가기로 했습니다. 마냥 기다리면 일 년이 지나도 한 권도 안 읽을 게 뻔한데, 영어 공부를 챕터북으로 하면 하루에 몇 줄이라도 읽으니 잃을 게 없다고 생각했죠.

어느 날, 아이가 영어학원에서 읽은 챕터북 이야기를 꺼냈습니다. 영어학원에서 읽은 책에 관해서는 이야기한 적이 없는데, 주인공이 길을 잃고 헤맨 이야기를 하는 걸 보니 꽤 재미있게 읽은 모양이었습니다. '이때다.' 하고 아이와 그 영어책을 같이 읽기로 했습니다. 인물과 사건, 배경을 상상하며 대화하면서 행간을 채웠습니다. 학원에서 한 번 훑은 책이라 아이도 거부감이 없었습니다. 그렇게 제법 도톰한 챕터북 한 권을 며칠에 걸쳐 다 읽으니 아이도 뿌듯한 표정을 지었습니다.

엄마	○○야, 우리 『ORT』는 다 외워가잖아….
아이	네. 그런데 또 다 까먹었어요. 그날은 외워서 썼는데, 지금은 또 쓰라고 하면 못 쓸 것 같은데요?
엄마	괜찮아. 한글책 읽은 거 그림만 보고 줄줄 외울 수 있어?
아이	아뇨.

엄마	엄마도 못 외워. 그렇게 외워서 쓰고, 점검한 걸로 됐어.
아이	그럼 외우는 게 소용이 없나요?
엄마	아니. 전혀. 콩나물시루에 준 물이 다 빠져나와도 콩나물은 잘 자라지?
아이	네.
엄마	○○가 날마다 읽은 책을 다 못 외워도 읽은 내용이 가끔 딱 생각날 때 있지 않아?
아이	맞아요. '내가 이걸 어떻게 알지?' 할 때가 있어요.
엄마	바로 그거야. 영어도 책을 다 외우길 바라서 외우라고 하는 게 아니야. 그냥 너도 모르게 '어? 내가 이 영어 문장을 어떻게 알고 있지?' 하면서 자연스럽게 영어 실력이 자라나길 바라는 거야. 영어책을 외우면 적어도 일 년에 몇 권이라도 읽을 수 있고.
아이	무슨 말인지 알았어요.
엄마	그런데 아까 말했듯 우리 『ORT』는 다 외웠으니까, 이번에 ○○랑 같이 읽은 챕터북 외우기로 할까?
아이	헙! 그 책은 너무 글이 많아요. 다 외우려면 1년도 더 걸릴 걸요?
엄마	그럼 어때? 콩나물시루에 물 준다고 생각하고 꾸준히 하는 건데 뭐. 대신 문장이 길고 외우는 양이 조금 많아지니까 더 쉽게 외울 수 있도록 도와줄게. 예전보다 시간이 오래 걸리

지는 않을 거야. 약속!

아이   영어 공부 시간이 늘지 않는 게 확실하죠? 그럼 됐어요.

『ORT』와는 달리 챕터북에는 힌트가 될 만한 그림이 없고, 더 길고 복잡한 문장을 외워야 하기에 다른 방법으로 영어 집공부를 진행해야 했습니다. 영어 문장을 좀 더 쉽게 외우는 데 도움이 되면서도 아이의 영어 실력 향상에 도움이 될 만한 방법이 뭘까 고민하다가 국어에서 중심 문장 찾기를 공부한 게 생각났습니다. 문장에서 핵심이 되는 낱말이나 헷갈리는 낱말을 쓰라고 했습니다. 한 문장에서 최대 세 개의 단어를 써서 외우게 하니, 훨씬 수월하게 문장을 외웠습니다. 챕터북의 문장을 익히는 방법도 『ORT』와 비슷합니다.

챕터북 문장 외우는 법

① 아이와 함께 챕터북을 골라 읽는다.

② 책을 읽으면서 장면을 상상하게 돕는다.

③ 읽은 책에서 3~5문장씩 정해 집중적으로 듣고 따라 읽는다. (음원이 없는 경우 5번 이상 소리 내 읽는다.)

④ 모르는 단어를 사전에서 찾고, 올바른 발음을 익힌다.

⑤ 원어민의 발음, 억양, 빠르기를 그대로 복사한다는 생각으로 자연스럽게 읽고 해석한다.

⑥ 외울 문장의 키워드나 기억하는 데 도움이 될 만한 단어를 포스

트잇에 쓴다.

⑦ 포스트잇으로 책을 가리고 외운 문장을 말한다. 이때 해석도 함
  께한다.

⑧ 외운 문장을 공책에 쓴다.

⑨ 정확히 썼는지 확인하고, 틀린 문장은 고친다.

챕터북을 처음 읽을 때는 ①, ②의 과정을 함께하면 아이가 좀 더 수월하게 과제를 할 수 있습니다. 습관이 되고 나면 부모는 문장을 외워 말하고, 해석할 때(⑦)만 도와주면 됩니다. ⑦~⑨의 과정을 부모가 함께 봐주면 더 좋고요.

챕터북으로 집공부를 할 땐 우리말로 정확하게 해석하게 했습니다. 『ORT』에 나오는 문장은 그리 복잡하지 않고, 그림에 힌트가 많아서 단어만 알면 의미를 이해할 수 있었지만, 챕터북은 달랐습니다. 관계대명사, to부정사, 가정법 등 문법을 모르면 해석을 제대로 할 수 없는 문장이 많았습니다. 자유롭게 영어책을 읽을 때는 책 내용을 이해했는지 확인하지 않지만, 영어 문장 외우기를 할 때는 제대로 해석했는지 꼭 점검합니다. 한 문장씩 읽고 해석하는 과정을 통해 문법이 문장의 뜻을 명확하게 이해하는 데 필요하다는 걸 체감하게 해주고 싶었습니다. 문법 교재로만 문법을 접하면 실생활에서 적용하기 어렵습니다. 하다못해 문법 문제를 풀 때도 "이건 to부정사 용법에 관한 문제야."라고 말해주지 않으면 틀린 부분을 찾아내지 못하는 경우가 많습니다. 그러나 책

① brag, get to, will be

② hope   lasts

③ electricity,   recharge

④ stuck

⑤ bad news

① I'm not bragging, but when I get to
the next level, I'll be a Hero First Class.
② I just hope the battery in my
Space Station player lasts that long.
③ There is no electricity in this place,
so I won't be able to recharge it. ④ I'll be
stuck in the woods with no video game.
⑤ And that will be really bad news.

챕터북 시리즈 발췌 문장 쓰기. 『Lost』 9쪽

을 읽으면서 만나는 다양한 문장을 정확히 해석하기 위해 문법을 익히
면 시험뿐 아니라 의사소통에서도 활용할 수 있습니다.

　문장을 외울 때는 힌트가 되는 단어를 쓰면서 자연스럽게 내용어
Content Words와 기능어Function Words를 구분합니다. a/an, the, it, that 같
은 기능어는 문장에 자주 등장하지만, 외우는 데는 쓸모가 없다는 사실
을 깨닫습니다. 문장을 외울 때 도움이 되는 단어를 쓰라고 하면 대부
분 동사, 명사, 형용사, 부사 등 내용어를 씁니다. 어떤 단어가 중요한지
감을 익히는 겁니다. 말할 때도 의미를 제대로 전달하려면 강조해야 할
부분을 크고 천천히 발음한다는 사실을 짚어주면, 듣기와 말하기에도
도움이 됩니다.

집공부와 더불어 '흘려듣기'도 매일 꾸준히 해주세요. 습관처럼 아침에 영어 라디오를 틀어놓는 것도 좋습니다. 영어 동화책, 영어 노래, 영어 라디오, 영어 동영상 등 다양한 영어 듣기 자료와 친숙한 환경을 만들면 어느 날 아이가 자기도 모르게 영어 노래를 흥얼거릴 때가 옵니다. 영어를 싫어하게 되거나, 영어를 못한다고 생각하는 순간 영어와 멀어집니다. 영어가 언어라는 사실을 잊지 말고, 멀리 내다보며 차근차근 지도했으면 좋겠습니다.

수학
생각하는 방법을 익혀야 한다

"필통에 연필 2자루가 있습니다. 연필 3자루를 필통에 더 넣었습니다."

"주차장에 차 2대가 서 있습니다. 차 3대가 더 와서 주차했습니다."

두 문장을 보면 각각 연필 다섯 자루와 차 다섯 대가 있습니다. 현실에서 연필 다섯 자루와 차 다섯 대는 용도, 크기, 가격 면에서 확연히 다릅니다. 그러나 수학 문제로 바꾸면 답은 그저 둘 다 5입니다. 수학은 복잡한 세상을 단순하게 숫자로 표현하고, 그 과정에서 필연적으로 '추상적 사고'가 일어납니다. 추상이란 '여러 가지 사물이나 개념에서 공통되는 특성이나 속성 따위를 추출해 파악하는 작용'입니다. 추상적 사고가 왜 중요할까요? 추상적 사고는 곧 문제해결력이기 때문입니다. 추상화의 시작은 생략과 일반화이고, 생략과 일반화는 기준, 즉 목적에 따라 이루어집니다.

예를 들어, 코로나19 확진자 현황을 나타내야 한다면, 확진자를 제외한 다른 요소는 생략해서 나타내야겠죠. 목적에 따라 데이터를 생략하고, 나타내려는 바를 눈에 띄게 표현한 코로나19 확진자 지도가 추상화 작업의 결과입니다. 문명의 근원인 숫자, 글자, 지도, 표지판, 기호 모두 추상적 사고의 산물입니다.

20세기 가장 영향력 있는 심리학자 중 한 명인 알렉산더 루리아Alexander Luria는 글을 읽지 못하는 우즈베키스탄의 농부에게 추상적·논리적 사고가 필요한 질문을 했습니다. "독일에는 낙타가 없고, B라는 도시는 독일에 있습니다. 그럼 B에는 낙타가 있을까요?" 하고 물었습니다. 농부는 "독일에는 가본 적이 없다."라고 답했습니다. 농부는 독일에는 낙타가 없고, B는 독일에 있으므로 B에도 낙타가 없다는 논리적인 사고를 하지 못한 것입니다. 루리아는 학문은 눈에 보이지 않는 것을 계속 생각하는 것이므로 사고력이 없는 사람은 학문을 하기 어렵다고 결론 내렸습니다.[27]

미국 퓨 연구센터Pew Research Center에서는 1,408명의 기술전문가, 교수, 실무자, 전략가, 교육자 등을 대상으로 미래 업무에 대처하기 위한 교육·훈련 프로그램에 대한 인식을 조사했습니다. 인공지능, 가상

현실이 점차 확대되고 심화함에 따라 교육 및 업무에 맞는 훈련과 함께 인공지능이 대체할 수 없는 영역을 교육해야 한다고 보고했습니다. 각 분야의 전문가는 오직 인간만이 가진 능력으로 창의성, 복잡한 의사소통, 협력과 더불어 추상적 사고를 꼽았습니다.[28]

지난 역사를 보면 글자와 숫자를 다룰 줄 아는 사람이 우월한 지위와 권력을 누려왔습니다. 평등한 교육의 기회를 제공하는 지금도 학력의 격차는 또 다른 지위와 권력으로 이어집니다. 학문 연구는 물론 미래의 직업을 위해서도 추상적 사고가 필요합니다. 수학은 가장 처음 배우는 '숫자'에서부터 추상적 사고가 시작됩니다. 수 자체가 추상적 사고의 결과물입니다. 학원가에는 "수학은 대학을 좌우하고, 영어는 직업을 좌우하고, 국어는 평생을 좌우한다."라는 우스갯소리가 있다고 합니다. 학생과 학부모가 한곳만을 바라보고 가는 대학 입시에서 수학이 그만큼 중요하다는 뜻이면서도 수학은 딱 대학 입학까지만 유용한 과목이라는 생각이 반영된 말인 것 같아 씁쓸합니다. 그러나 수학은 논리적으로 생각하는 방법을 익히는 과목입니다.

수학과의 교육 목표를 보면 수학을 배우는 목적이 분명해집니다.

"수학의 개념, 원리, 법칙을 이해하고 기능을 습득하며 수학적으로 추론하고 의사소통하는 능력을 길러, 생활 주변과 사회 및 자연현상을 수학적으로 이해하고 문제를 합리적이고 창의적으로 해결하며, 수학 학습자로서 바람직한 태도와 실천 능력을 기른다."

수학적 추론과 의사소통 능력, 문제를 합리적이고 창의적으로 해결하는 데 수학과의 목표가 있습니다. 결국 수학은 사고력과 논리력을 연마해 문제를 합리적이고 창의적으로 해결하는 학문입니다. 천문학적으로 많은 데이터 속에서 흐름을 읽는 능력이 추상적 사고이자 문제 해결 능력으로 직결되므로, 수학의 중요성은 점점 커질 것입니다. 수학은 어떻게 공부해야 할까요?

'이해'와 '습득'이 필수다

세상을 몸으로 부딪치고, 직접 경험하며 배우는 구체적 조작기의 아이들에게 세상을 추상적인 수와 기호로 표현하는 수학은 어려울 수밖에 없습니다. 그래서 아이의 수준에 맞게 구체물로 시작해 단계별로 추상적인 개념을 이해하도록 이끌어야 합니다. 초등학교 수학 시간에 사용하는 구체물이 많은 이유입니다.

교육과정에서는 "수학의 개념, 원리, 법칙을 이해하고 기능을 습득하며…"라고 초등수학의 교육 목표를 설명합니다. 초등수학은 개념. 원리, 법칙을 '이해'하고, 기능은 '습득'하라고 되어 있습니다. 개념을 보고 지나가는 게 아니라 이해해야 합니다.

개념이란 무엇이고, 어떻게 해야 '이해'하는 걸까요? 초등학교 1학년부터 꾸준히 나오지만, 중학교 1학년도 어려워하는 개념인 등호(=)를 예로 들어보겠습니다. 5+3=8을 보고 "5 더하기 3은 8과 같습니다."라는 약속이 초등학교 교과서 개념 정리에 나옵니다. 그런데도 열 명 중 아홉 명은 "5 더하기 3은 8."이라고 읽습니다. 등호를 어떻게 읽는지 물어보면 " '는'이요."라고 말하는 아이가 절반이 넘습니다. 등호가 답을 구하라는 표시라고 알고 있는 아이도 많습니다. 등호는 "같습니다."라고 읽어야 하고, 등호는 이름부터 '같다'를 의미한다는 걸 알아야 합니다. 그래서 수학 교과서에서는 구체물과 그림으로 좌변과 우변이 같은 상황을 반복적으로 제시해 등호의 의미를 알려줍니다.

□+2=5+4라는 문제를 주고, □ 안에 들어갈 수를 구하는 방법을 물으면, 아이들은 금방 '7'이라는 답을 찾아냅니다. 방법을 물어보면 9에서 2를 빼면 된다고 대답하죠. 이때 "왜?"라고 물으면 어리둥절한 표정을 짓습니다. "그냥 빼면 답이 나와서 그런 건데 왜라뇨?" 하면서요. "등호의 개념을 활용해서 설명해보렴." 하고 힌트를 주고 나서야 "등식은 등호를 중심으로 왼쪽과 오른쪽의 값이 같다는 의미잖아요. 그래서 어떤 수와 2의 합이 9가 되어야 하니까 어떤 수를 구하려면 9에서 2를 빼야 해요." 하고 답하는 아이가 반에 한두 명씩 있습니다.

등호를 잘 모르면 3+4+7의 풀이 과정을 3+4=7+7=14라고 쓰는 오류를 범합니다. 실제로 이렇게 쓰는 학생이 정말 많습니다. 등호를 답을 내기 위한 부호로 알고 있는 학생이 대부분이기 때문이죠. 풀이 과정이 틀렸어도 답은 맞았으니 됐다고 넘기면 안 됩니다. 등호를 모르면

a+b=c일 때, a=c-b가 될 수 있는 이유를 설명할 수 없습니다. 기초가 탄탄하지 않으면 언젠가는 무너집니다. 등호를 포함해 초등학교 수학 시간에 나오는 개념, 원리, 법칙은 정의를 중심으로 구체물, 그림 등으로 다양하게 접하고 질문하면서 이해해야 합니다.

습득해야 할 '기능'은 무엇일까요? 수학적 기능이란 계산하기, 어림하기, 관련 짓기, 문제 이해하기, 설명하기, 다양한 전략 구사하기, 자료 수집 및 정리하기, 해석하기, 문제 만들기, 반성하기[29] 등이 있습니다. 문제 해결, 추론, 창의·융합, 의사소통, 정보 처리, 수학적 태도 및 실천 역량을 기르기 위한 활동입니다. 기능을 습득하기 위해서는 수학 시간에 하는 다양한 활동을 꾸준히 해야 합니다.

연산은 구체적인 상황에서 시작하라

초등수학에서 수와 연산이 중요하다는 사실은 교과서 목차만 봐도 금방 알 수 있습니다. 수와 연산 영역이 교과서의 절반 이상을 차지합니다. 아이들이 가장 어려워하는 영역 역시 수와 연산입니다. 초등학교 입학 후에 연산에 어려움을 겪지 않도록 어려서부터 연산 문제 풀이를 반복하는 아이가 많습니다. 정확하고 빠른 연산을 위해 반복 학습은 필요하지만, 문제는 연산을 빠르고 정확하게만 하려다가 수학을 싫어하게 되는 아이가 많다는 겁니다. 수학교육 전문가들은 지나치게 연산을 강조하면 자녀를 생각하지 못하는 계산기로 만들 수 있다고 경고합니다.

연산은 구체적인 상황에서 시작하는 것이 좋습니다. 아이들이 어려워하는 연산 중 하나인 시간의 덧셈과 뺄셈도 실제 상황에서 시작하면 어렵지 않습니다. 우리 집 아이들이 시간 계산을 어려워하지 않는 이유는 시간을 더하거나 빼야 하는 상황이 자주 있어서 그렇습니다. 삶은 달걀을 간식으로 자주 주는데, 팔팔 끓는 물에 달걀을 넣고 7분간 삶은 후 바로 찬물에 담그면 노른자가 촉촉하고, 맛있는 달걀이 됩니다. 일부러 스톱워치를 사용하지 않고 아이들에게 "얘들아, 엄마 달걀 넣는다. 지금 2시 56분이야. 언제 꺼내면 되지?" 하고 묻습니다. 아이가 정확히 7분 후 시각을 알려줘서 딱 알맞게 달걀이 삶아지면 "○○ 덕분에 이렇게 감동적인 삶은 달걀이 됐다니까." 하면서 칭찬합니다.

아이가 시간 계산을 잘못했을 때도 그냥 눈 질끈 감고 모른 척 달걀을 일찍 또는 늦게 꺼냅니다. 아이는 덜 익거나 달걀노른자까지 다 익은 달걀을 먹으면서 자기가 시간을 잘못 계산했다는 걸 알아챕니다. 겸연쩍어하는 아이에게, "엄마는 덜 익은 달걀도 좋아. 참기름 뿌려 먹으면 더 고소한 거 알아?" 또는 "다 익은 달걀노른자는 샌드위치 만들 때 넣으면 딱 좋겠네."라고 말합니다. 미안해서 어쩔 줄 몰라 하는 아이의 얼굴에 웃음이 번집니다. 시간의 덧셈이 아이에겐 연산 문제가 아니라 달걀 삶기 문제로 다가와서 훨씬 재미납니다. 압력솥 추가 딸랑거리기 시작하고 나서 7분 있다가 불을 꺼달라든가, 엄마 낮잠 잘 테니 30분 후에 깨워달라든가, 50분 게임하고 10분간 눈 휴식 시간을 지키라든가 등 어려서부터 시간 계산이 필요한 상황을 제시하면 자연스럽게 시간 연산에 익숙해집니다.

아이들이 어려워하는 분수도 실생활에서 시작하면 좀 더 쉽게 접근할 수 있습니다. 우리 가족은 네 명인데, 와플을 세 개만 사옵니다. 아이들에게 포크와 나이프를 주면서 "세 개의 와플을 네 접시에 똑같이 나누어 담아주라. 대신, 모양을 똑같이 잘라야 비교하기 좋은 거 알지?" 하며 부탁하고, 저는 와플에 곁들여 먹을 음료를, 남편은 생크림과 와플에 얹어 먹을 과일을 준비하며 바쁜 척합니다. 와플을 똑같이 나누는 일은 아이 둘이 하게 둡니다. 일부러 $\frac{1}{4}$로 나눌 수 있게 금이 그어져 있는 동그란 와플을 골라온 덕분에 아이들은 고민을 많이 하지 않고 똑같이 나누었습니다. 한 사람이 $\frac{3}{4}$씩 먹는다는 걸 직관적으로 알 수 있게 그림과 같이 접시에 올려놓았습니다.

"정확히 잘 나눴네! 1개를 4로 똑같이 나눈 것을 $\frac{1}{4}$이라고 하잖아. 그리고 한 접시에 $\frac{1}{4}$ 조각이 세 개 있으니까 한 사람이 먹을 수 있는 양은 $\frac{3}{4}$이겠구나." 하며 간단히 이야기하고는 와플을 맛있게 먹었습니다. 와플이 다 식을 때까지 분수 이야기를 하면 질립니다. 음식을 나누어 먹을 상황은 언제든 생기니까요. 와플, 크래커, 피자, 수 막대, 블록 쌓기 놀이 등 다양한 상황에서 분수에 대해 잠깐씩 언급하곤 했습니다. 와플 세 개를 네 명이 나누어 먹으면 $\frac{3}{4}$, 두 개를 세 명이 나누어 먹으

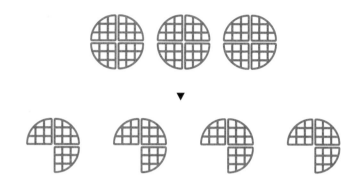

면 $\frac{2}{3}$, 한 개를 두 명이 나누어 먹으면 $\frac{1}{2}$이 되는 상황을 경험하고 나서는, "어! 분자가 와플의 개수고 분모가 나눠 먹는 사람 수잖아!" 하고 외쳤습니다. 분수는 나눗셈의 몫이라는, 아이들에게는 어려운 개념을 이해한 순간이었습니다.

분수는 영어를 활용하면 개념을 익히기가 더 쉽습니다.

엄마 $\frac{2}{3}$ 는 어떻게 읽을까?

아이   '3분의 2'요.

엄마   맞아. 그럼 영어로는 어떻게 읽을까?

아이   지난번에 배운 것 같은데 가물가물해요. 분자부터 읽었던 것 같은데요?

엄마   응. 그렇지. $\frac{2}{3}$ 는 'two thirds'로 읽거든. 그럼 $\frac{1}{3}$ 은 어떻게

읽을까?

아이 one thirds요?

엄마 아니, 분자가 1, 그러니까 단위분수일 때는 뒤에 s가 안 붙어. $\frac{1}{3}$ 은 'one third'. 한 문제 더, $\frac{3}{4}$ 은 어떻게 읽게?

아이 three fourths?

엄마 딩동댕, 이제 영어사전에서 third를 찾아봐. 왜 분수를 이렇게 읽는지 알게 될거야.

아이 저 third가 뭔지 알아요. 서수잖아요.

엄마 우리말도 한 낱말에 다양한 뜻이 있듯이, 영어도 그래. third의 뜻이 세 번째라는 뜻 말고 어떤 뜻이 있는지 찾아보자.

아이 third가 명사로 '3분의 1'이라는 뜻이 있대요. 그래서 $\frac{2}{3}$ 는 $\frac{1}{3}$ 이 두 개 있다는 뜻이니까 two thirds로 읽는구나!

엄마 그렇지. 그럼 $\frac{4}{5}$ 를 영어로 어떻게 읽는지, 그 이유는 뭔지 설명해 볼래?

아이 $\frac{4}{5}$ 는 four fifths라고 읽어요. 왜냐면 fifth는 '5분의 1'이라는 뜻이고, $\frac{4}{5}$ 는 $\frac{1}{5}$ 이 네 개 있다는 뜻이니까요.

모든 연산의 원리를 부모가 실생활에서 가르치기는 어렵습니다. 수학 교과서에서는 연산과 실생활을 연결해 설명합니다. 수학 교과서에서 문제를 제시하는 상황을 잘 읽는 것만으로도 연산이 생활과 관련이 있다는 걸 이해하는 데 도움이 됩니다.

"강릉에서 온 배에 438명이 탔는데, 그중 213명은 독도에 가지 않습니다. 독도에는 몇 명이 갈까요?"
"15명을 한 모둠에 3명씩 나누면 몇 모둠인지 알아봅시다."
"피자 한 판을 사람 수에 맞게 똑같이 나누어봅시다."

수학 교과서의 연산이 필요한 상황만 잘 활용해도 연산을 구체적인 상황과 연결할 수 있습니다. 연산이 필요한 이유와 연산의 원리를 아는 것이 연산입니다. 단순히 숫자를 더하고 빼고 곱하고 나누는 건 계산입니다. 자녀가 인간 계산기가 되길 원하는 부모는 아무도 없을 겁니다. 연산의 원리를 알고 계산할 수 있게 도와주세요.

원리를 이해하고 꾸준히 연습하기

연산의 원리는 어떻게 가르쳐야 할까요? 예를 들어 15×5의 연산을 가르친다고 생각해봅시다. "1의 자리랑 5를 곱해. 25지? 그럼 10의 자리 위에 2를 써. 이제 10의 자리랑 5을 또 곱해. 5가 나와. 위에 올려 쓴

2랑 더해서 앞에 7을 써. 그게 답이야."라고 가르치면 연산이 아니라 단순 계산을 가르친 겁니다.

$$15 \times 5 = (10+5) \times 5$$
$$= (10 \times 5) + (5 \times 5)$$
$$= 50 + 25$$
$$= 75$$

기계적으로 계산하는 방법을 익히기 전에, 15×5의 답을 구할 수 있는 다양한 방법을 써보는 것이 좋습니다. 이 과정은 모두 교과서에 나옵니다.

간단해 보이는 (몇십몇)×(몇)의 풀이 과정에는 수의 가르기와 모으기, 혼합계산, 분배법칙이 보입니다. 풀이 과정을 완전히 이해하면 혼합계산에서 덧셈보다 곱셈을 먼저 계산해야 한다는 것을 외우지 않아도 됩니다. (10+5)×5를 문자로 바꾸면, (a+b)m과 같습니다. 연산의 원리를 알면, 분배법칙을 (a+b)m=am+bm이라고 공식처럼 외울 필요가 없습니다. 초등학교 3학년 1학기에 배우는 곱셈에는 중학교에서 배우는 다항식 연산의 원리가 숨어 있습니다. 초등학교 3학년에게 중학교 때 배우는 다항식의 연산과 분배법칙을 가르치라고 말하는 게 아닙니다. 아이들은 식을 풀어놓은 문제를 정말 어려워합니다. 그래도 계산하는 요령만 가르치지 말고, 그 안에 숨어 있는 원리를 함께 반복해서

🎲 수 모형으로 어떻게 계산하는지 알아봅시다.

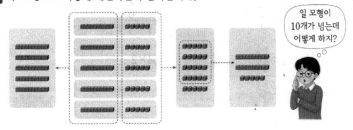

일 모형이
10개가 넘는데
어떻게 하지?

🎲 15×5를 어떻게 계산하는지 알아봅시다.

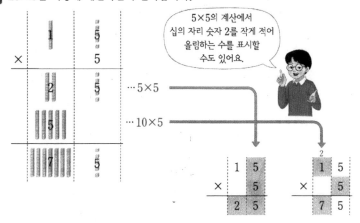

5×5의 계산에서
십의 자리 숫자 2를 작게 적어
올림하는 수를 표시할
수도 있어요.

살펴주세요. 어느 순간 깨닫는 날이 옵니다.

연산 방법을 배우기 전에 문제 해결 방법을 궁리하면, 연산의 원리를 알고, 연산의 필요성을 느낍니다. "사탕 24개를 4개씩 나누면 몇 명이 먹을 수 있는가?"는 나눗셈 문제입니다. 이미 수학 선행을 한 아이들은 기계적으로 나눗셈으로 해결합니다. "학교에서는 아직 나눗셈을 안 배웠으니 나눗셈을 사용하지 않고 답을 구해보렴. 다른 친구가 생각하지 못한 기발한 방법을 발견한 친구를 수학 박사님이라고 불러주겠어요." 하면, 아이들은 다양한 방법을 궁리해냅니다. 답이 0이 될 때까지 4씩 계속 빼는 아이, 24가 될 때까지 뛰어 세는 아이, 4단 구구단을 외우는 아이, 24개의 사탕을 그려놓고 4개씩 묶는 아이도 있습니다. 친구들이 어떻게 나눗셈을 사용하지 않고 문제를 풀었는지 서로 확인하면서 나눗셈은 뺄셈, 곱셈과 관련이 있다는 사실을 깨닫습니다. 효과적으로 문제를 해결하기 위해서는 나눗셈이 필요하다는 사실도 느낍니다. 구구단에서 5단만 알고 있는 친구에게 6단을 쉽게 외우는 방법 알려주기, 어림을 정확하게 하는 비결 나누기, 덧셈과 뺄셈만 아는 동생에게 곱셈과 나눗셈 설명하기 등 다양한 상황을 정해서 연산의 원리를 생각할 기회를 주세요.

1980~1990년대에 초등학교에 다닌 분들은 단순 계산만 반복하던 학습지를 기억할 겁니다. 같은 반에 계산 학습지를 안 하는 아이가 거의 없을 정도로 열풍이었습니다. 지금까지도 이런 학습지가 이어지고 있고, 연산 문제집도 정말 다양합니다. 문제 해결 능력과 창의성이 중요한 지금도 여전히 연산 연습을 해야 할까요? 네. 그렇습니다. 연산 반복 훈련이 필요한 이유는 다음과 같습니다.

첫째, 초등학교 수학의 자신감은 연산에서 오기 때문입니다. 초등학교 수학은 수와 연산이 큰 비중을 차지합니다. 저학년 때는 더 그렇습니다. '내가 이렇게 정확하고 빠르게 계산할 수 있네!' 하는 효능감은 자신감과 흥미를 높입니다. 초등학교 저학년 시기에 다진 연산 실력은 자신감으로 이어지고, 수학 실력으로 연결됩니다.

둘째, 연산을 잘하는 아이는 수학 문제를 보고 겁내지 않습니다. 수학 문제 풀기가 어렵지 않고, 금방 끝내고 놀 수 있으니까요. 학생들이 제일 무서워하는 게 "학교 끝나고 남아."라는 말입니다. 혼나는 것도 아니고, 하교 시간이 길어봐야 5분 남짓 늦어지는 걸 알면서도 아이들은 정말 남는 걸 싫어합니다. 끝나고 놀 시간이 줄어드는 게 제일 큰 벌이라면서요. 수학 문제를 풀 때도 마찬가지입니다. 연산에 능숙한 아이는 그렇지 않은 아이보다 수학 문제를 더 빨리 풉니다. 금방 풀고 놀 수 있으니 꾹 참고 후다닥 해버립니다. 그런데 연산이 느린 아이는 문제 푸는 데 시간이 한참 걸리니까 점점 더 풀기가 싫어집니다. 특히 계산이 복잡해 보이는 건 그냥 넘겨버리기 일쑤입니다. 수학 문제가 산처럼 보여서 풀기 싫고, 수학 문제를 풀지 않으니 연산 속도는 점점 느려지는 악순환이 시작됩니다.

셋째, 실수를 줄일 수 있습니다. 아이가 실수로 틀렸다는 문제를 살펴보면, 대개 연산 과정에 문제가 있습니다. 연산에 능숙해지면 실수는 줄어듭니다. 부모님과 학원 선생님이 문제를 빨리 풀라고 했다며 지나치게 서둘러 계산하다가 쉬운 문제도 틀리는 학생을 종종 봅니다. 연산은 정확도가 중요합니다. 빨리 푸는 것보다 정확하게 푸는 데 초점을 두고 꾸준히 연습하면, 속도는 저절로 빨라집니다.

넷째, 시간과의 싸움에서 유리합니다. 학년이 올라갈수록 수학 시험 시간이 부족해집니다. 연산에 쏟을 시간을 문제 푸는 방법이나 검산에 활용하는 아이가 시험에서 좋은 결과를 얻기 쉽습니다. 중고등학생도 간단한 연산에서 실수가 잦고, 시험 시간이 부족한 경우가 많습니다.

이렇게 중요한 연산이지만, 무엇이든 넘치면 모자란 것만 못하죠. 연산 연습은 소나기가 아니라 가랑비처럼 했으면 좋겠습니다. 하루에 풀이와 채점, 틀린 문제 다시 풀기까지 10분이면 충분합니다. 연산은 과정 자체보다 어떤 연산 과정이 필요한지 결정하는 능력, 즉 문제 해결 능력이 더 중요하다는 사실을 잊으면 안 됩니다. 아무리 연산 속도가 정확하고 빠르다고 해도, 방향이 틀리면 무용지물입니다. 문제를 보고 어떤 식을 세워야 하는지를 파악할 수 있는 논리적 사고가 중요합니다. 수학교육의 목적이 연산이 아니라 문제 해결 능력과 논리적 사고에 있다는 점을 잊으면 안 됩니다. 지나친 연산 반복 훈련으로 문제 해결에 대한 의욕과 생각하는 힘을 꺾으면 득보다 실이 더 많습니다. 빨리 푸는 것, 어려운 문제를 다른 아이들보다 많이 푸는 데 목적을 두지 말고 연산을 이해하고 푸는 데 목적을 두어야 합니다. 연산 때문에 수학을 싫어하게 되는 것만큼 큰 손해가 없습니다.

우리 반 학생들은 시간이 날 때마다 연산 문제를 20문제씩 풉니다. 반 아이들이 모두 볼 수 있게 스톱워치를 커다란 화면에 띄우고, 동시에 연산 문제를 풀기 시작합니다. 아이들은 문제를 다 풀고 나면 각자 스톱워치에 찍힌 시간을 보고 문제 풀이에 걸린 시간을 씁니다. 모든 학생이 문제를 다 풀면, 선생님이 답을 부르고 아이들은 스스로 채점합니다. 선생님이 점수를 확인하지 않고, 아이들끼리도 다른 친구의 점수를 알려고 하지 말라고 합니다. 아이들에게는 연산의 정확성이 속도보다 중요하다고 말하며 점수와 속도를 다른 사람과 비교하지 말고, 첫날의 자신과 비교해야 한다고 반복해서 강조합니다.

우리 집 아이들은 날마다 주산 학원에서 내준 숙제를 해서 따로 연산 문제를 풀지는 않습니다. 하루에 한두 쪽 정도 주산 문제를 푸는데, 보통 5~10분 정도 걸립니다. 큰아이가 초등학교에 입학할 무렵이 되니, 아이들이 날 닮아 수학머리가 없으면 어쩌나 걱정이 되었습니다. 마침 동네에 좋은 주산 선생님이 있다는 소식을 듣고, 주산에 관한 논문을 검색해봤습니다. 주산이 시공간 정보 처리 능력, 수 감각 형성에 도움이 된다는 논문을 보고, 주산 공부방에 보내기 시작했습니다.[30] 수학에 소질이 없는 엄마가 그저 신기하게 쳐다보며 감탄만 하는 덕분에, 무엇보다 아이들이 주산을 지겨워하지 않게 잘 지도하시는 주산 선생님을 만난 덕분에 우리 집 아이들은 지금도 주산을 즐겁게 배우고 있습니다.

이쯤에서 주산을 배우는 게 좋은지 궁금할 겁니다. 아이 둘 다 몇 년째 주산을 배우고는 있지만, 저는 주산을 하나도 모릅니다. 옆에서 지켜보면서 느낀 주산의 장단점만 말할 수 있습니다. 주산을 배우면서 연산의 정확도와 속도가 모두 높아졌습니다. 그런데 수학 교과서에 나오는 연산과 방식이 달라서 아이들이 많이 헤맸고, 풀이 과정을 쓰는 걸 어려워했습니다. 주산도 확 어려워지는 시기가 있어서, 그만두고 싶다고 말할 때도 있었습니다. 그럴 때마다 이렇게 말하곤 했습니다.

"학원비를 내는 건 선생님과 학생, 학부모가 하는 일종의 약속이야. 선생님은 '한 달 동안 열심히 가르치겠습니다.', 학생은 '성실히 배우겠습니다.', 학부모는 '아이가 배운 내용을 잘 소화할 수 있게 돕겠습니다.' 하고 서로 약속하는 거지. 지금 당장 어렵다고 일방적으로 약속을 깰 수는 없어. 이번 달까지는 좀 견뎌보자. 엄마도 학원 선생님께 '우리 ○○가 요즘 배우는 내용을 어려워하는데, 어떻게 하면 좋을까요?' 하고 여쭤볼게. 그리고 다음 학원비를 내기 전에 너에게 물어볼 테니 그때도 힘들면 말해 줘."

다행히 아이들은 한 달이 채 되지 않은 기간 안에 어려운 시기를 잘 넘겼고, 지금까지 계속 주산을 배우고 있습니다. 주산뿐 아니라 연산 학습지, 연산 문제집 풀이에도 고비가 있습니다. 아이가 힘들어하면, "연산은 당연히 해야 한다."고 억누르지 말고 공감해주세요. 저도 아이가 어려워서 칭얼댈 때마다 "이렇게 힘들어도 꾹 참고 해내는 네가 대견해. 엄마도 어렸을 때는 '계산기가 있는데 왜 내가 계산해야 해?' 하고 억울해한 적이 있거든. 그런데 학년이 올라갈수록 연산을 정확하게 하지 못하니까 아는 문제도 다 틀려서 너무 속상했어. 엄마는 ○○가 실력에 맞는 결과를 얻었으면 좋겠어."라고 말하는 등 아이의 감정을 수용하고 격려하기 위해 노력했습니다.

연산 실력이 꼭 수학 실력으로 이어지지는 않습니다. 그러나 연산을 못 하는 아이가 수학을 잘할 수는 없습니다. 초등학교 수학의 자신감은 연산이 필요한 상황을 파악하는 능력과 더불어 연산의 정확도와 속도에 달려 있습니다. 다양한 상황 속에서 연산으로 해결할 문제를 찾아내도록 도와주세요. 학년에 해당하는 연산의 원리를 정확하게 이해하고 있는지 확인하고, 아이에게 알맞은 방법을 찾아 꾸준히 연습하도록 지도해주세요.

우리 아이 수학 공부, 선행과 심화의 기준은?

우리 집 집공부 일정표를 보면, 날마다 하는 수학 과제는 따로 없습니다. 수학 공부방을 매일 한 시간씩 다닐 뿐입니다. 아이가 저학년 때는 집공부 일정에 수학 문제집 풀기가 있었습니다. 그런데 책 읽기와 글쓰기에 비중을 두고 집공부를 하니 수학 문제집을 풀고 채점할 시간이 부족했습니다. 아이 혼자 수학 문제집 한 권을 다 풀 때까지 제가 한 쪽도 채점하지 못한 걸 보고, 수학 사교육이 필요하다는 걸 느꼈습니다. 수학 학원을 선택할 때가 된 것이었습니다.

"수학은 선행을 먼저 해야 하나요? 심화가 중요하긴 하다던데…"

초등학교 교사이기 전에 초등학생 아이를 둔 학부모로서도 수학은 선행과 심화, 어디에 초점을 두어야 하는지 갈피를 잡기 힘듭니다. 공립학교 교사로서 교육과정 이외의 선행학습과 심화학습에 관해 말하기도 조심스럽습니다. 특히, '선행학습금지법'으로 더 널리 알려진 '공교육 정상화 촉진 및 선행교육 규제에 관한 특별법'에 의해 학교에서는 국가교육과정 및 시·도교육과정에 따라 편성된 학교교육과정을 앞서는 교육과정을 운영할 수 없기에 더 그렇습니다.

수학만 콕 집어 '예습'이 아니라 '선행'이라고 말하는 이유는 아무래도 수학 사교육의 열풍과 부작용 때문이겠죠. 하지만 수학 개념의 확장과 심화가 자연스럽게 선행학습으로 이어질 때가 많습니다. 예를 들어 분수의 개념을 가르치기 위해 피자를 나누다 보면, 전체 8조각 중 4조각이 전체의 반, 즉 $\frac{4}{8} = \frac{1}{2}$ 이라는 사실을 눈으로 확인하게 됩니다. 처음 분수를 배우는 3학년 1학기에도 5학년 1학기에 나오는 기약분수를 배울 준비가 되어 있는 거죠. 아직 분수의 개념을 잘 모르는 아이에게 기약분수로 나타내는 방법을 설명하는 건 찬성하지 않지만, 학습의 흐름이 자연스럽게 선행으로 흐른다면 굳이 막을 필요는 없다고 생각합니다.

수학교육 전문가들은 입을 모아 수학은 개념 이해가 중요하다고 말합니다. 그러나 심화와 선행학습에 관한 의견은 엇갈립니다. 알고 있는 지식을 총동원해 문제를 풀어내는 과정을 통해 문제 해결 능력과 성취감을 높여야 하고, 그래서 심화학습이 중요하다는 의견이 대세이긴 합니다. 그러나 심화 문제 때문에 아이들이 수학에 대한 두려움이 생긴다는 우려도 있습니다. 초등학교에 근무하면서 많은 학생을 가르친 저도 중심을 잡기가 어렵습니다. 어려서부터 같은 학교와 학원에 다니고, 공부머리도 비슷해 보이는 아이들의 학습 결과가 달라서 갈피를 잡기가 더 힘들었습니다.

이제 고학년이 된 아이의 수학교육 방향을 잡기 위해 학습서, 수학교육 전문가와 입시 전문가의 강의 동영상을 찾아보면서도 기회가 닿는 대로 주변의 선배 학부모님들께 조언을 구했습니다. 중고등학교에 근무하는 여러 선생님과 만날 기회가 생겨서 큰 도움을 받았습니다. 다양한 경로와 방법으로 얻은 정보를 종합한 결과, 아래와 같은 뻔한 답이 진리라는 걸 새삼스럽게 깨달았습니다.

첫째, 공부의 방향과 속도는 이웃집 아이가 아니라 내 아이에게 맞춰야 한다.

둘째, 기초 개념이 부실한 선행과 심화는 독이다.

셋째, 초등학교 시기부터 수학 문제를 풀 수 있는 엉덩이 힘을 길러야 한다.

수학교육의 방향과 진도를 잡기 위해 우리 집 아이를 살펴보았습니다. 별 노력을 하지 않아도 운동을 잘하는 아이가 있는 것처럼, 수학도 누가 가르쳐주지 않아도 혼자 힘으로 문제를 풀어내는 아이가 있습니다. 우리 집 아이들은 수학을 타고나게 잘하지는 않았습니다. 연산도 5 가르기와 모으기, 10 가르기와 모으기 등 다양한 상황을 제시해 차근 차근 알려줘야 했습니다. 학교에서 배우는 내용이 어렵지 않고, 무리하게 선행과 심화를 하고 있지는 않아서 아이들은 자기가 수학을 잘한다고 생각한 덕분에 수학을 좋아했습니다.

수학학원에 가기 전까지는 우리 집 아이들의 수준에 맞추어 기본 문제집으로 한 학기 정도만 선행하고, 교과서 정리하기와 심화 문제집으로 현행 수학 실력을 다졌습니다. 어렵지 않은 사고력 문제집을 풀 때는 "어쩜 이런 생각을 다 했냐."라고 칭찬하며 다양한 생각이 정답보다 중요하다는 걸 느끼게 하려고 노력했습니다. 아이가 계속 수학을 좋아하고, 어려운 문제도 끈기 있게 푸는 엉덩이 힘을 기르는 데 수학 집공부의 목적을 두었습니다. 아이의 수학적 문제 해결 능력을 높이면서도 아이가 도전할 만한 적절한 난이도의 수학 문제를 찾았습니다. 아이와 함께 서점에 가서 수학 심화 문제집을 골라 매일 두 쪽씩 풀게 했고, 제가 설명해도 이해하지 못하는 문제는 그냥 넘겼습니다.

"너무 어려운 문제는 안 풀어도 돼. 아빠가 매일 팔굽혀펴기 운동하시지? 더는 못할 거 같을 때 한 개 더하는 게 근육을 만들어주는 거라면서 '으악' 하며 팔굽혀펴기를 하시잖아. 심화 문제는 그런 거야. 그런데 또 너무 무리하면 다쳐서 오히려 근육이 약해질 수 있거든. '좀 어렵지만 풀어볼 만한데?' 하는 문제만 풀면 돼. 수학 교과서에 나오는 '생각 수학'이랑 수학익힘책을 잘 푸는 것만으로도 충분해."

아이가 수학 문제에 압도되지 않도록 민감하게 살폈습니다. 수학을 잘하는 아이가 지나치게 어려운 수학 문제를 풀면서 수학을 싫어하게 되고, 자신은 수학을 못 한다고 생각하는 안타까운 사례를 많이 보았기 때문입니다.

제가 수학을 싫어하게 된 계기 또한 어려운 수학 심화 문제 때문이었습니다. 초등학교 4학년 때 운 좋게 수학경시반 선발 시험을 잘 봤던 모양입니다. 방과 후에 남아 수학을 잘하는 학생들과 함께 수학올림피아드 문제를 풀어야 했는데, 그동안 풀었던 수학 문제와는 완전히 수준이 달랐습니다. 수학경시반에서 수업을 들을 때마다 바보가 되는 경험을 해야 했습니다. 다른 친구들은 척척 풀어내는데 나만 못 풀고 끙끙대고 있으니 주눅이 들었습니다. 수학 선생님이 어려운 문제를 풀고 나면 수학 실력이 높아질 거라며 격려하셨지만, 성취감과 기쁨은 느끼지 못했습니다. 아무리 문제를 봐도, 집에 와서 따로 공부해도 어려운 수학 문제를 스스로 풀 수 없었습니다. 수학경시반 친구들은 경시반에서 공부한다는 자부심 덕분에 점점 수학 공부에 매진했습니다. 학생인 제 눈에도 수학경시반 친구들의 수학 실력이 늘어가는 게 보였습니다. 다른 아이들에게는 수학올림피아드 대회 준비가 수학 능력을 끌어올리는 좋은 기회였지만, 저에게는 수학이 무섭고 싫어진 계기였습니다.

학생의 실력을 높이기 위해서는 근접발달영역, 즉 혼자 힘으로는 달성할 수 없지만, 유능한 타인의 도움을 받으면 성공할 수 있는 영역 내의 문제를 제시하는 것이 중요한데, 수학경시대회 문제는 저의 근접

발달영역을 훨씬 벗어나는 문제였던 것 같습니다.[31] 대다수에게는 도움이 되었던 수학 심화 과정이 기초가 탄탄하지 않았던 저에게는 독이 된 거죠. 나중에 대학교에 들어가 수학교육에 관해 배우면서, 제가 수학 심화 문제를 풀지 못했던 이유가 부실한 기초 때문이라는 걸 알게 되었습니다. 제가 풀지 못했던 수학경시대회 기출문제에 해당되는 기초부터 다시 시작했더라면 수학 실력을 높일 수 있었을 거라는 아쉬움이 뒤늦게 밀려왔습니다.

그래서 수학을 지도할 때는 기초 개념을 확실히 다지는 것과 더불어 심화 문제의 난이도에 신경을 썼습니다. 지나치게 문제를 꼬거나 실수를 유발하려는 의도가 있는 심화 문제는 넘겼습니다. 풀지 못한 문제는 문제집을 다 풀고 나서 다시 한번 풀게 했습니다. 별다른 지도를 하지 않았는데도 아이들은 시간이 지나면 어려워하던 문제를 푸는 경우가 많았습니다. "그때는 어려웠는데, 지금은 잘 풀 수 있네!" 하며 어려운 문제를 풀어냈을 때 더 뿌듯해했고, 모르는 문제가 나와도 상심하지 않았습니다.

'수학은 어렵다' '나는 수학을 못한다'는 선입견을 가지지 않도록 조심하면서 수학 심화 문제를 풀게 하고, 풀지 못하는 문제는 그 문제에 해당하는 교과서를 펴고 함께 살폈습니다. 저와 남편이 아이의 수학을 봐줄 시간이 나지 않아 수학학원을 알아볼 때도 집에서 수학을 지도하던 기준으로 선택했습니다. 자기 수준에서 꾸준히 노력하는 태도가 강점인 우리 아이가 다른 친구와 비교하고 경쟁하는 분위기를 견뎌낼 수 있을지 확신이 없었습니다. 사실, 유명한 학원에 보내고 싶은 욕심에 레벨테스트를 보기도 했습니다. 학원의 커리큘럼에 따라 다양한 심화 문제를 많이, 잘 풀면 수학 실력이 높아질 것 같았거든요. 수학학원 선택을 고민하다가 아이의 의견을 물었습니다.

"○○가 수학 문제집을 성실하게 잘 풀었는데, 엄마가 그동안 채점도 못 했잖아. 그래서 엄마 대신 수학 공부를 봐줄 학원 선생님을 찾으려고 해. △△학원은 어려운 문제를 풀어서 좀 힘들 수도 있지만, 우리 ○○는 수학을 좋아하니까 잘할 수 있을 것 같아. 학원에서 학교 친구들을 많이 만날 수도 있고, 수학 실력도 쑥쑥 자라날 거고. 참, 그리고 일주일에 두세 번만 가면 된다고 하더라. 또 한 군데 알아본 곳은 □□공부방인데, 가까워서 걸어 다닐 수 있어. 네가 푸는 속도대로 날마다 가서 문제를 풀고, 모르는 문제는 선생님 설명을 듣고 오면 돼. 평소 엄마 아빠랑 같이 풀던 문제집도 봐주신대. 어디로 가고 싶어?"

아이는 집 근처 수학 공부방을 선택했습니다. 수학학원 숙제로 힘들어하는 반 친구들을 많이 봐서 그런지 날마다 가더라도 과제가 없는 게 좋다면서요. 아이의 진도에 맞춰 꼼꼼하게 잘 지도해준다는 수학 공부방에 가서 선생님을 뵙고 지금까지 아이와 집에서 공부한 내용을 상세히 말씀드렸습니다.

"집에서 날마다 이 정도 수준의 수학 문제를 풀었어요. 아이가 수학 문제집 한 권을 다 풀도록 제가 채점을 못 해주고 있어서 선생님의 도움을 받으려고 왔습니다. 수학을 그다지 잘하지는 않지만, 수학을 좋아하는 아이예요. 아이가 수학을 계속 좋아할 수 있게 도와주세요. 저는 수학 선행과 심화에 큰 욕심이 없으니, 아이가 수학 때문에 힘들어하지 않게 해주세요."라고 특별히 부탁드렸습니다. 다행히 수학 공부방 선생님은 꼼꼼하고 짜임새 있게 수학을 지도해주셨습니다. 서두르지 않고 아이의 수준과 속도에 맞춰 선행을 하고 있고, 심화 문제로 현행을 다지고 있습니다. 초등학교 때 수학 선행과 심화를 더 열심히 하지 않은 걸 후회하게 될 수도 있겠죠. 그러나 커다란 원고지에 그럴듯한 갈래별 글쓰기를 빡빡하게 쓰는 사교육을 선택하기보다 책을 읽고 함께 대화한 내용으로 자유롭게 글을 쓰며 문해력을 다지는 쪽을 선택했듯, 수학도 아이가 자기의 속도대로 공부하며 "난 수학을 좋아해."라고 말할 수 있는 지금의 공부 방법을 이어갈 겁니다. 수학 선행과 사고력 문제 풀이는 공부방에서 해결하고 있으니, 수학 집공부는 한결 수월해졌습니다. 하지만 잊지 않고 꼭 챙기는 영역이 있습니다. 설명하기와 수학 개념 정리하기입니다.

'왜?'와 '어떻게?' 설명하기

고등학교는 수학이 워낙 어렵고, 학습량이 많아 시간이 턱없이 부족하니, 입학 전에 수학 몇 바퀴를 어떻게 돌려야 한다는 등의 말을 많이 듣습니다. 고등학교 수학 개념서를 들고 다니는 초등학교 고학년도 종종 만납니다. 옆집 아이의 수학 선행 소식을 들으면 마음이 조급해집니다.

하지만 수학 선행을 하는 이유를 생각해보면, 조급한 마음을 가라앉힐 수 있습니다. 선행이든 심화든, 시간과 돈을 투자하는 목적은 수학 실력을 높이는 데 있습니다. 특히 절대다수의 수학 선행은 고등학교 수학 내신과 수능 고득점을 위한 과정입니다. 고득점은 난이도가 높은 문제를 풀어내는지 아닌지에서 갈립니다. 역설적이게도 어려운 수학 문제를 풀어내는 능력은 수학의 기초, 즉 개념을 확실히 아는가에 달려 있습니다. 수학교육 전문가는 중학교까지는 잘했는데, 고등학교에서 못하는 아이는 중학교까지의 수학 기초가 부실한 것이 원인이라고 말합니다. 조금 더디게 느껴지더라도 기초를 탄탄히 쌓는 것이 결정적인 시기인 고등학교에서 시간을 절약하는 지름길입니다.

수학은 단계를 건너뛰어서는 공부할 수 없는 과목입니다. 자연수, 분수, 소수의 개념이 튼튼하지 않으면 중학교에서 나오는 정수와 유리수, 순환소수, 제곱근, 무리수로 확장하기가 어렵습니다. 덧셈, 뺄셈, 곱셈, 나눗셈을 자유자재로 계산할 수 없으면 문자를 사용한 식을 변형해서 풀이할 수 없습니다. 아무리 몇 년을 앞서 수학을 배우더라도 지금 배우는 수학 개념을 정확히 알지 못하면 언젠가는 무너집니다. 초등학교 수학은 수와 연산이 많아서 반복적으로 문제를 많이 풀면 수학 점수가 잘 나옵니다. 중학교 수학도 개념을 깊이 이해하지 못하더라도 다양한 문제를 접하고 풀면 성적이 어느 정도는 유지됩니다. 그러나 고등학교에서는 수학의 기초가 없으면 무너집니다. 문제가 어디에 있는지 찾기가 힘들고, 해결하는 데도 시간이 오래 걸립니다. 아이의 능력에 맞게 선행을 하는 건 좋습니다. 다만 아이가 해당 학년의 수학 실력을 제대로 쌓고 있는지, 즉 개념을 잘 이해했는지를 확인해야 합니다.

개념이 중요하다는데, 개념을 잘 아는지는 어떻게 파악할 수 있을까요? 아이가 '왜?'와 '어떻게?'를 설명할 수 있는지 보면 됩니다. 예를 들어 여러 가지 사각형에서 사다리꼴을 찾아보라는 문제를 푼다고 가정해보겠습니다. 사다리꼴을 찾아냈다고 해서 아이가 개념을 진짜로 아는 게 아닙니다. 왜 그 사각형이 사다리꼴인지를 '수학적으로' 설명할 줄 알아야 진짜 아는 겁니다.

(문제) 다음 중 사다리꼴을 찾아 기호를 써보세요.

엄마   왜 이 사각형이 사다리꼴이라고 생각하니?

아이   사다리처럼 생겼잖아요. (X)

아이   평행한 변이 한 쌍이라도 있는 사각형을 '사다리꼴'이라고
해요. 가, 나, 다, 라, 마 모두 평행한 변이 있어요. 그래서 모두

사다리꼴이에요. (O)

엄마 모두 평행한 변이라는 걸 어떻게 알았어?

아이 보면 알죠. (X)

아이 한 직선에 수직인 직선을 그어보면 알아요. 한 직선에 수직인
두 직선은 서로 만나지 않거든요. (O)

매일 수학을 봐주지는 못했지만, 한 단원이 끝날 때마다 아이가 자
신의 말로 배운 내용을 설명하고, 풀이 과정으로 쓸 수 있는지 확인했
습니다. 아이에게 "풀이 과정은 네 머릿속을 보여준다고 생각하고 써야
해. 다른 사람이 네가 생각한 순서를 알 수 있게."라고 말했습니다. 풀이
과정과 그 이유를 설명하게 하고, 설명한 대로 풀이 과정을 쓰게 합니
다. 만일 풀이 과정에 단계가 있다면, 그 순서대로 쓰게 합니다.

아이들은 풀이 과정을 쓰는 걸 참 어려워합니다. 풀이 과정은 사고
과정을 일목요연하게 정리하는 과정이므로 어려울 만합니다. 저는 초
등학교 저학년 학생을 가르칠 때는 풀이 과정을 지나치게 강조하지 않
습니다. 초등학교 저학년 수학은 주로 연산 영역이 많으므로, 연산을 풀
이한 방법을 설명할 수 있는지만 확인합니다. 초등학교 저학년은 '내가
이렇게 수학 문제를 잘 풀 수 있구나!' 하는 성취감으로 자신감을 쌓아
가는 시기라고 생각합니다. 신나게 풀어서 답을 맞혔는데, "풀이 과정을
못 썼으니 틀렸어."라는 말을 들으면 자신감이 훅 떨어집니다.

초등학교 3~4학년부터는 풀이 과정을 쓰는 연습을 꾸준히 해야 합

니다. 처음부터 풀이 과정을 쓰라고 하면 막막해합니다. 우선 문제를 푸는 모습을 보고, 왜, 어떻게 풀었는지 물어봅니다. 잘 설명하는지 확인하고, 자기가 말한 내용을 글로 옮기도록 합니다. 아이가 어려워하면 아이에게는 설명해보라고 하고, 지도하는 사람이 아이의 말을 글과 식으로 받아쓰면 풀이 과정을 쓰는 방법을 자연스럽게 받아들입니다. 대개 심화 문제는 단번에 답을 구하기 어렵고, 여러 단계를 거쳐 풀어야 하기 때문에 풀이 과정을 쓰는 연습에 좋습니다. 심화 문제를 따로 풀지 않더라도 수학 교과서의 '생각 수학'과 '탐구 수학'에서 풀이 과정을 쓰는 연습을 할 수 있습니다.

풀이 과정을 쓰려면 개념을 정확히 알고 있어야 합니다. 개념은 교과서를 자세히 읽고 정리하는 것이 가장 효과적입니다. 초등학교에서 배우는 수학 개념은 복잡하거나 어렵지 않지만, 수학의 특성상 반드시 알아야 하는 수학의 기초입니다. 6년간 차곡차곡 수학 개념을 쌓아야 중고등학교에서 선행이든 심화든 달릴 힘이 생깁니다.

아이가 수학을 몇 년 치 앞서 배우고 있든, 단원이 끝날 때마다 교과서를 꼼꼼하게 읽고, 꼭 알고 넘어가야 하는 수학 개념을 정리하는 습관을 들여야 합니다. 초등학교 때 몸에 밴 학습 습관이 중고등학교의 학습으로 이어집니다. 수학 교과서는 새로운 개념을 친절하게 소개하고, 꼭 알아야 할 내용을 잘 정리해놓았습니다.

교과서가 100% 옳다는 말이 아닙니다. 아이들을 가르치다 보면, 아쉬운 부분이 보이기도 합니다. 그러나 개념을 도출하는 과정을 친절하고 상세하게, 넓은 지면을 할애해 설명하는 교재는 교과서뿐입니다.

2022학년도에는 3, 4학년, 2023학년도에는 5, 6학년의 수학, 사회, 과학 교과서가 검정 교과서로 바뀝니다. 다음은 2021학년도 국정 수학 교과서를 기준으로 한 설명이므로 자녀의 교과서와 다를 수 있으나, 대부분 '단원 학습, 단원 마무리 평가, 생활 속 문제(심화)'의 순으로 구성되어 있으므로 자녀와 교과서로 공부할 때 도움이 되었으면 좋겠습니다.

① 단원 마무리 평가 확인

단원의 마지막에는 대개 평가 문제가 있습니다. 채점은 했는지, 맞은 문제는 진짜 알고 푼 건지, 틀린 문제는 왜 틀렸는지 함께 확인합니다. 교과서에 따라 다르지만 보통 다섯 문제 내외이고, 기본 문제이므로 점검하는 시간은 얼마 걸리지 않습니다. 수학 교과서에 나온 단원 평가를 풀지 못한다는 건 기본 학습 내용도 모른다는 뜻이므로, 반드시 보충학습이 필요합니다.

② 사고력 수학 문제로 풀이 과정을 쓰는 연습하기

단원 마무리 평가 전후에 사고력 수학 문제가 제시된 교과서가 많습니다. '문제를 해결한 방법을 친구에게 설명해보세요.' '문제를 해결한 과정을 되돌아보세요.'라는 말이 자주 나옵니다. 학교에서 친구에게 설명한 내용을 다시 말해보라고 하고, 풀이 과정 쓰기를 연습합니다. 다음은 국정 수학 교과서 3학년 1학기 1단원의 '생각 수학'과 유사한 문제입니다.

(문제) 수 카드 4장에서 2장을 골라 고른 두 수의 차가 500에 가까운 뺄셈식을 만들려고 합니다. 수 카드에 적힌 수로 뺄셈식을 만들어봅시다.

942	775	475	323

엄마 답은 잘 맞혔네! 그런데 뺄셈식은 어떻게 만들었어?

아이 그냥 어림해서요.

엄마 그냥 어떻게 어림했는데?

아이 두 수의 차가 500에 가까운 뺄셈식을 만들라고 했으니까, 942와 475, 775와 323의 차가 500에 가까울 것 같았어요.

엄마 아하, 그러니까 두 수의 차가 500에 가까운 두 수를 어림해서 찾았구나?

아이 네.

엄마 그럼 '① 두 수의 차가 500에 가까운 두 수를 어림해 찾습니다.'라고 써봐.

아이 (쓰고 나서) 다음엔 각각의 차를 쓰면 되겠네요.

엄마 그렇지.

아이 ② 942 – 475=467 ③ 775 – 323=452

엄마 자, 이렇게만 쓰면 될까?

아이 누가 봐도 467이 500에 더 가까우니까 이렇게만 써도 맞지 않을까요?

엄마 아니. 답까지 명확하게 써야 해. 풀이 과정은 네가 생각한 걸 처음부터 끝까지 다른 사람이 다 알 수 있게 써야 하니까. 이제 답을 제시해 봐.

아이 '④ 467이 452보다 500에 더 가까운 수이므로, 두 수의 차가 500에 가장 가까운 뺄셈식은 942-475=467입니다.'라고 쓰면 될까요?

엄마 아주 잘 썼어. 풀이 과정을 쓸 때 아무것도 모르는 동생을 가르쳐주는 것처럼 써야 해.

③ 개념 정리하기

편의상 개념 정리를 가장 마지막에 넣었지만, 개념 정리 시기는 아이의 필요에 따라 달라집니다. 아이가 문제를 해결한 방법을 들으면, 아이가 개념을 잘 아는지를 바로 확인할 수 있습니다. 문제 해결 과정을 제대로 쓰려면 개념을 잘 알아야 한다는 걸 아이가 깨닫고 개념을 정리해야 무의미한 베껴 쓰기가 되지 않습니다. 풀이 과정을 쓰다가 막히면 교과서 앞쪽으로 돌아가서 개념을 훑고 다시 정리합니다.

공책 정리에 관한 책이 많이 출간되고 사랑받는 걸 보면, 학생과 학부모 모두 공책 정리의 중요성을 잘 알고 있는 것 같습니다. 학습 내용과 학습 스타일에 따라 공책 정리는 달라지므로, 개념 공책을 정리하는 방법은 다루지 않겠습니다. 다만, 수학 개념 공책을 두고두고 요긴하게 활용하는 사소한 팁을 공유하고자 합니다.

수학 개념 공책 100% 활용 비법 세 가지

'수학 개념 공책'이라고 하니 거창하게 들리지만, 초등수학에서 나오는 개념은 그리 어렵거나 복잡하지 않아서 한 단원을 마치고 20분 정도만 할애하면 됩니다. 한 단원을 마치는 데 보통 2~3주 걸리므로 2~3주에 한 번, 20분씩 시간 내기는 그리 어렵지 않습니다. 학기 중에 시간 내기가 어렵다면 방학 때 수학 개념 공책을 정리하면서 해도 됩니다.

배움 공책이나 개념 공책을 쓰는 많은 아이와 마찬가지로, 우리 아이도 교과서에 나온 개념을 말로 설명해보고, 공책에 정리합니다. 그런데 배운 내용을 한 번 써보는 데 그치지 않고, 수학 개념 정리 공책을 100% 활용하는 비결이 세 가지 있습니다.

1   한 장에 개념 하나만 쓰기

2   바인더 공책 활용하기

3   필요에 따라 수시로 다르게 정리하기

개념이 아무리 간단하고 단순해도, 한 장에 두 개의 개념을 같이 쓰지 않습니다. 초등수학은 개념의 망이 촘촘하지 않습니다. 나선형으로 점점 심화되고 확장되면서 개념과 개념 사이에 어떤 개념이 끼어 들어올지 모르니 한 장에 한 개의 개념만 씁니다. 심화 문제를 풀면서 기억하고 싶은 문제나 틀린 문제를 그 개념에 해당하는 부분에 써놓을 수도 있습니다. 바인더 공책을 활용하면, 정리한 내용을 필요에 따라 묶을 수 있어 더 좋습니다. 예를 들어보겠습니다.

4학년 1학기에 각의 크기를 재고, 다각형의 내각의 합에 관해 배우려면 3학년 1학기에 배운 반직선, 직선, 각, 꼭짓점 등의 개념을 정확히 알고 있어야 합니다. 물론 '각이란 무엇인가?'를 설명하지 못해도 각도를 잴 수는 있지만, 각이 무엇인지 수학적으로 설명하지 못하면서 각도의 크기를 구하는 공부 방법은 바람직하지 않습니다. 각을 설명하기 위해 3학년 수학 교과서나 개념서를 찾는 건 귀찮은 일입니다. 아마도 교과서는 버린 지 오래일 것이고, 다 푼 참고서를 남겨두는 집은 흔치 않습니다. 배운 내용을 공책에 정리했다고 해도 1년 전에 쓴 부분이라 한참 찾아야 할 겁니다. 공책을 잃어버렸을 확률도 높고요.

그러나 수학 개념을 차곡차곡 바인더 공책에 정리해놓으면, 정리한 개념을 찾기 쉽습니다. 3학년 1학기에 배운 '각' 개념을 정리한 부분을 찾아 4학년 1학기 '각도 재기' 앞에 철해놓고 각이 '한 점에서 그은 두 개의 반직선'이라는 개념을 복습할 수 있습니다. 수학 개념의 위계를 필요에 따라 배열할 수 있다는 것이 바인더 공책의 장점입니다. 선분 - 반직선 - 직선 - 각 - 변 - 꼭짓점 - 직각 - 직각삼각형과 같이 나름의 순서를 정해 철해놓았다가, 필요에 따라 직각과 수직을 이을 수도 있고, 직각삼각형과 삼각형의 내각의 합의 순서로 철해놓을 수도 있습니다. 분수의 덧셈과 뺄셈 - 약분과 통분 사이에 최대공약수와 최소공배수를 정리한 공책을 끼워두고 공부할 수도 있겠죠.

정리할 때는 각각의 개념이지만, 수시로 순서를 다르게 철하면서 새로운 개념망을 형성할 수 있습니다. 배운 내용은 반복하지 않으면 잊어버립니다. 공책에 한 번 쓴 내용을 모두 기억할 수는 없습니다. 반복해서 보고, 다른 개념과 연결 짓고, 전체의 틀 안에 그 개념이 어느 위치에 있는지를 조망할 수 있어야 장기기억으로 저장되어 문제 해결의 원동력이 됩니다.

3학년 1학기에 반직선, 직선, 각 등을 배우고, 2학기에는 원을 배웁니다. 4학년 1학기에는 각의 크기, 2학기에는 삼각형과 사각형, 수직과 평행 등의 개념이 나옵니다. 5학년에는 3~4학년에 배운 내용을 토대로 다각형의 둘레와 넓이를 구하고, 6학년은 입체도형을 익힙니다. 이런 식으로 수학은 핵심적인 지식 구조가 학년에 따라 연결되고 확장됩니다. 모르고 넘기면, 다시 그 내용과 연결된 내용이 나올 때 학습할 수

수학 개념 공책 예시

2-1-4 길이 재기

cm	ㅏㅓ의 길이를 1cm라 쓰고 1센티미터라고 읽습니다.
1cm	내 소지 너비

4 현수와 지민이가 뼘으로 줄넘기의 길이를 재었습니다. 물음에 답하세요.

현수의 뼘	지민이의 뼘
12번	13번

• 두 친구가 잰 길이가 다른 까닭은 무엇인지 써 보세요.

사람마다 뼘의 길이가 달라서

• 줄넘기의 길이를 잴 때 cm로 나타내면 어떤 점이 좋은지 써 보세요.

정확한 길이를 알 수 있다.

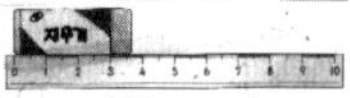

⊙ 지우개의 오른쪽 끝이 [4] cm 눈금에 가깝습니다.

⊙ 지우개의 길이는 약 [4] cm입니다.

2-2-3 길이 재기

m	100cm는 1m와 같습니다. 1m는 1미터라고 읽습니다. 100cm = 1m
1m	소파 반쪽 길이

3-1-5. 길이와 시간

1mm	1cm를 10칸으로 똑같이 나누었을 때 작은 눈금 한 칸의 길이를 1mm라 쓰고 1밀리미터라고 읽습니다. 1cm = 10mm

22cm 보다 5mm 더 긴 것을 22cm 5mm라 쓰고 22센티미터 5밀리미터라고 읽습니다.
22cm 5mm는 225mm 입니다.
22cm 5mm = 225mm

질문) 발 길이를 cm로, mm로 나타내고, 신발 치수와 비교해 봅시다.
22.4cm
= 224mm
신발 : 230

3-1-5. 길이와 시간

1km	1000m를 1km라 쓰고 1km라고 읽습니다. 1000m = 1km

2km보다 500m 더 긴 것을 2km 500m라 쓰고 2킬로미터 500미터라고 읽습니다.
2km 500m는 2500m 입니다.

질문) 다리의 길이를 나타내어 봅시다.
마포대교 1398m = (1)km (398)m
서천대교 2km 145m = (2145)m
이순신대교 2260m = (2)km (260)m

1398m = 1000 + 398m
= 1km + 398m = 1km 398m
2km 145m = 2000 + 145 = 2145
2260m = 2000m + 260m
= 2km + 260m = 2km 260m

없습니다. 다른 어떤 과목보다 개념 정리 공책이 필요한 이유입니다.

심화 문제를 풀고, 연산을 반복하고, 능력에 따라 선행하는 것도 초등수학의 기초를 쌓는 방법입니다. 그러나 무엇보다 중요한 건 아이들이 수학을 위에서 내려다볼 수 있는 여유와 능력입니다. 지금 배우는 이 내용이 어느 개념과 연결되고, 어느 위치에 있는지 조망하는 연습을 거듭하면, 새로운 개념을 기존 사고의 틀 안으로 편입하기가 훨씬 쉽습니다. 중학교 수학 시간에는 하늘에서 뚝 떨어진 개념을 배우지 않습니다. 결국 초등학교 수학에서 만들어놓은 개념틀이 중고등학교 수학 실력으로 이어집니다. 한번 쓰고 버리는 공책이 아니라, 배운 내용을 소화하고 이해한 대로 정리한 개념을 반복해서 살펴보고, 다양하게 이어보는 개념 공책을 각자 한 권씩 가지고 초등학교를 졸업했으면 좋겠습니다. 공책에 쓰는 걸 극도로 싫어하는 아이도 있습니다. 하지만 어떤 방법을 통해서라도 각각의 개념을 아이가 이리저리 엮어보는 경험은 꼭 했으면 좋겠습니다. 학생이 공부의 주인이 되길 바랍니다.

지금 당장 못해도
기다려줘야 하는 이유

초등학교 시절부터 수학을 싫어했고, 학창 시절 내내 수학에 발목을 잡혔던 저는 교사가 되기로 마음먹은 순간부터 수학교육에 대해 많이 고민했습니다. 수학을 잘하지도, 좋아하지도 않는 선생님 때문에 우리 반 학생이 수학을 싫어하게 될까 봐 염려했고, 두 아이의 엄마가 되고 난 뒤에는 수학에 더 신경을 썼습니다. 걱정한 만큼 수학교육과정과 교과서를 더 많이 들여다보고 수학에 관한 책도 많이 읽었습니다. 유튜브에서도 수학교육에 관한 동영상을 찾아보았습니다. 수학 때문에 힘들고 주눅 들었던 기억 때문에 될 수 있는 한 쉽게 접할 수 있게 노력하고 이해할 때까지 기다립니다.

아무리 설명해도 수학 개념을 이해하지 못하는 아이가 반에 한두 명은 꼭 있습니다. 시간이 약이라고 생각하고 꼭 알아야 하는 개념을 꾸준히 지도합니다. "지금 당장 시계 못 봐도 괜찮아. 어른 중에 시계 못 보는 사람은 한 명도 없거든. 선생님이랑 천천히 하면 돼." 하고 찡긋 웃어줍니다. 실제로 학기 초에는 이해하지 못했던 문제를 학기 말이 되면 갑자기 이해하는 아이가 많거든요. 그래서 반복해서 훈련할 필요가 있는 연산 단원과 아이들이 많이 어려워하는 단원을 학기 초에 가르칩니다.

초등학교 시절, 처음 나눗셈과 분수를 만났을 때 '생긴 것도 이상한데, 어렵기까지 하네!' 하면서 헤맸던 기억이 아직도 생생합니다. 그래서 분수와 나눗셈을 척척 이해하는 아이들이 신기하고 대견합니다. 어려워하는 아이의 마음도 충분히 이해되고요. "이거 어려운 건데 어쩜 이렇게 잘 이해했어!" "괜찮아. 선생님도 어렸을 땐 어려워서 쩔쩔맸는데, 계속 공부하니까 이해가 되더라. 이젠 이렇게 가르치기까지 하잖아.

걱정하지 마." 하는 말이 절로 나옵니다.

초등학교는 태도와 습관을 몸에 익히는 시기입니다. 초등학교 때부터 '수학은 어렵고 힘든 과목'이라는 인상을 주고 싶지 않습니다. 지금 당장 눈앞의 문제를 해결하지 못한다는 이유로 아이의 수학 능력을 과소평가하거나 학습 의욕을 꺾지 않기 위해 조심, 또 조심합니다. 그 누구보다 눈앞에 있는 문제를 풀고 싶은 사람은 아이 자신일 테니까요.

무엇보다 소중한 자녀와의 관계를 수학으로 망치지 마세요. 엄마표 수학이 안 되면 사교육의 힘을 빌리는 것도 방법입니다. 수학이 어렵다며 아이가 칭얼거릴 땐 "원래 그런 거야.""그냥 참고 풀어야 해.""네 친구 ○○는 잘만 풀더라."가 아니라 "어렵지. 아빠도 그랬어. 그런데…" 하고 마음을 읽어주세요. 반복해서 풀어도 풀지 못한다면 급하게 생각하지 말고 이번 학기, 이번 학년이 끝날 때까지만 알면 된다고 여유를 가지세요. 아이의 키가 훅 자라서 놀란 경험이 있죠? 키만 자라는 게 아니라 이해력도 그렇게 훅 자란답니다. 수학 문제를 풀어야겠다는 마음이 사라지지 않도록, 노력하면 이 문제를 풀 수 있다는 자신감을 잃지 않도록 아이의 마음을 헤아리며 꾸준히 아이의 속도에 맞춰 지도하면 좋겠습니다.

사회
용어 해득에 성패가 달렸다

제가 근무하는 학교에서는 3월에 국어, 사회, 수학, 과학, 영어 교과 진단평가를 봅니다. 진단평가는 부진 학생을 판별해 보충학습을 하기 위한 시험이므로, 성취 기준을 중심으로 쉽게 출제합니다. 교육열이 높은 지역에 있는 학교라서 진단평가의 학급 평균은 25점 만점에 24점에 달합니다. 그런데 사회와 과학 평균은 다른 과목보다 1~2점이 낮습니다. 국어, 영어, 수학 성적은 코로나19 이전과 차이가 나지 않지만, 사회와 과학은 확연히 떨어졌습니다. 사회와 과학은 사교육을 받는 아이가 거의 없고, 작년에는 코로나19로 원격수업을 들었으니 성취도가 더 낮아진 것 같습니다. 영어, 수학, 논술 사교육만 해도 가정 경제에 부담인데 사회, 과학까지 사교육을 해야 하는지 고민하는 학부모님의 걱정이 들려옵니다.

사회, 과학은 교육과정의 영역만 봐도 아이들이 어려워하는 이유가 단번에 눈에 들어옵니다. 사회는 정치, 법, 경제, 사회문화, 지리 인식, 장소와 지역, 자연환경과 인간 생활, 인문환경과 인간 생활, 지속 가능한 세계, 역사 일반, 정치·문화사, 사회·경제사입니다. 학습 범위가 워낙 광범위하고, 어른에게는 당연한 상식이 아이에게는 새롭고 낯설기 때문에 학생은 물론 교사도 가르치기 어렵습니다.

사회 교과서 단원명

	1학기	2학기
3학년	· 우리 고장의 모습 · 우리가 알아보는 고장 이야기 · 교통과 통신수단의 변화	· 환경에 따라 다른 삶의 모습 · 시대마다 다른 삶의 모습 · 가족의 형태와 역할 변화
4학년	· 지역의 위치와 특성 · 우리가 알아보는 지역의 역사 · 지역의 공공기관과 주민 참여	· 촌락과 도시의 생활 모습 · 필요한 것의 생산과 교환 · 사회 변화와 문화의 다양성
5학년	· 국토와 우리 생활 · 인권 존중과 정의로운 사회	· 옛사람들의 삶과 문화 · 사회의 새로운 변화와 오늘날의 우리
6학년	· 우리나라의 정치 발전 · 우리나라의 경제 발전	· 세계 여러 나라의 자연과 문화 · 통일 한국의 미래와 지구촌의 평화

아이들은 초등학교 3학년 때 '우리 고장의 모습'이라는 단원으로 사회를 처음 만납니다. '고장'이라는 낱말부터 낯섭니다. 2학년까지는 '동네'라고 불렀는데, 3학년이 되니 탐구할 지역의 범위가 넓어지면서 '고장'이라는 용어를 만납니다. 이제 막 3학년이 된 아이들에게 '고장'의 뜻을 물으면 "고장 나는 거요."라고 해맑게 답합니다. '동네'에서 '고장'으로 영역이 확장됨에 따라 어휘도 확장됩니다. 동네에 있는 장소는 놀이터, 가게, 학교, 아파트, 공원 정도였는데 '고장'으로 범위가 넓어지면서 시청, 도청, 역, 터미널, 주민센터, 알림판, 누리집, 디지털 영상지도 등 아이들이 평소에는 잘 사용하지 않는 용어가 쏟아집니다. 도청, 시청, 터미널, 역을 모르는 아이가 있을까 싶은가요? 자동차로만 이동했던 아이는 역과 터미널의 모습과 역할을 이해하기 힘듭니다. 서울이나 광역시에 사는 학생에게는 '도청'이라는 단어가 낯섭니다. 도청을 제대로 이해하려면 대략의 행정구역을 알고 있어야 하니 어디부터 어디까지 설명해야 할지도 난감합니다. 어른에게 익숙한 단어도 경험이 없는 아이에게는 어려운 사회 용어에 불과합니다.

사회 공부의 성패는 용어 해득에 달려 있고, 용어를 제대로 이해하려면 배경지식이 필요합니다. 결국 사회도 문해력이 좌우합니다. 독서는 학습 전반에 영향을 줍니다. 폭넓은 독서가 곧 사회 공부입니다. 사회를 어려워하는 아이는 우선 교과서부터 주의 깊게 읽고, 교과 내용과 관련 있는 책을 함께 읽어서 배경지식과 어휘를 넓히는 수밖에 없습니다.

용어를 정확히 알려면 직간접적인 경험이 필요하지만, 일일이 체험하기는 어려우니 "그냥 외워." 하고 넘어가기 일쑤입니다. 사회는 암기 과목이라는 말이 어느 정도는 맞는 말입니다. 그러나 초등학교 사회에 서는 지나치게 암기를 강조하지 않기를 바랍니다. 처음으로 사회과목 을 접하는 초등학교 시기에 단순히 암기하는 과목으로 받아들이면, 사 회를 공부할 땐 외우려고만 합니다. 교통수단의 발달에 관해 배우는 목 적은 교통수단을 외우는 데 있지 않습니다. 교통수단이 왜, 어떻게 바뀌 었는지, 그로 인해 어떤 변화가 생겼는지 분석하고, 미래는 어떤 모습 일지 예상하는 데 있습니다. 그런데 사회를 그저 외우는 과목으로 접한 아이들은 '과거에는 말, 오늘날에는 자동차' '과거에는 부채, 오늘날에 는 선풍기나 에어컨'과 같이 단편적인 사실만 외우고 끝냅니다. 게다가 틀을 갖추지 않은 상태에서 외우는 암기는 사상누각입니다. 이해하지 않고 외우면 외우기도 어렵고, 금방 잊어버립니다. 힘들게 외운 내용이 금방 잊히고 다시 꾸역꾸역 외워야 하니 아이들에겐 사회가 고통스러 운 과목입니다.

학습 습관을 형성하는 초등학교 때 사회의 다양한 현상과 사회 시 간에 배운 내용을 연결하는 연습을 해야 합니다. 원래 사회과는 사회에 서 일어나는 문제를 해결하는 데 필요한 지식을 공부하는 과목입니다. 초등학교 사회 공부는 '왜?' '어떻게?' '앞으로는?' 등의 질문을 던지 고, 문제를 해결하기 위해 고민하고 탐구하는 경험이 가장 중요합니다. 사회 집공부도 다른 과목과 크게 다르지 않습니다. 기본 개념과 용어에 익숙해지기를 기본으로 하고, 책 폭넓게 읽기, 미디어 활용하기, 지도,

도표, 그래프 등 다양한 자료에 익숙해지고 활용하기, 사회 문제에 관심 두기에 중점을 두고 지도했습니다.

사회 교과서와 친해지는 문제 풀이 활용법

교육과정에서 과정 중심 평가가 강조되면서, 공교육에서는 선다형과 단답형 평가를 부정적으로 보는 시각이 있습니다. 과정 중심 평가가 무엇일까요? 기본권에 관해 배웠다고 가정해보겠습니다. 기본권을 배우고 난 후에 기본권에는 무엇이 있는지 외워서 쓰는 시험이 우리에겐 익숙합니다. 이제는 평가의 방향이 달라졌습니다. 나와 타인의 기본권이 서로 충돌할 때, 어떻게 그 상황을 해결할 것인지 토의하고 서술하는 평가가 과정 중심 평가의 예입니다. 암기 확인이나 정답 찾기 등 결과 중심의 평가가 아니라 문제 해결 과정을 중시하는 평가로 전환하는 방향이 옳습니다. 그러나 한 번 더 생각해보면, 기본권이 충돌하는 문제 상황을 해결하기 위해서는 기본권을 보장하는 헌법이 어떤 위치에 있는지, 기본권이 무엇인지부터 정확히 파악해야 합니다. 기본 개념과 용어를 알아야 문제 해결이든 응용이든 할 수 있습니다.

암기한 내용만 평가하는 게 문제일 뿐, 지식을 평가하는 시험이 문제 해결 능력을 기르는 데 방해가 되는 것은 아닙니다. 서울대학교 교육학과 신종호 교수는 한 TV 프로그램에서 전체를 한 번 보고, 문제를 풀고, 또 한 번 보는 것이 효과적인 공부 방법이라고 했습니다. "문제 풀이는 모르는 것을 확인하는 과정"입니다.[32]

미국 일리노이주 컬럼비아의 한 중학교에서 연구자들은 교재의 일정 범위를 정해서 간단한 시험을 세 차례 보고, 결과를 알려주었습니다. 또 다른 범위에서는 시험을 보는 대신 세 번씩 복습하게 했습니다. 한 달 후 치른 시험에서, 간단한 시험을 보았던 범위의 평균 점수는 A-였고 시험을 보지 않고 복습만 시킨 범위의 평균 점수는 C+였습니다. 미국의 저명한 인지심리학자 헨리 뢰디거는 암기한 내용을 점검하는 시험 자체가 효과적인 학습 방법이라고 하면서 '시험 효과'라는 용어를 사용했습니다. 시험을 보면서 사실이나 개념을 머릿속에서 떠올리는 인출 연습을 하기 때문입니다.[33]

아이들은 자기가 뭘 알고 모르는지 생각조차 하지 않습니다. 진도를 나갔으니 다 안다고 착각합니다. 그렇다고 날마다 아이에게 배운 내용을 질문할 수는 없는 노릇입니다. 문제집 풀기는 배운 내용을 점검하고, 무엇을 모르는지 파악할 수 있으므로 효율적입니다.

우리 집 사회 공부는 교과서 읽기→문제집 풀기→문제집에서 틀린 부분을 중심으로 교과서 다시 읽기의 순서로 공부합니다. 교과서를 읽을 때는 중요한 내용에 표시합니다. 중요한 문장에 밑줄을 긋고, 중요한 용어나 모르는 낱말은 형광펜으로 체크합니다. 그냥 읽을 때보다 교과서를 집중해서 읽을 수 있고, 저도 아이가 중요한 내용을 제대로 찾았는지, 꼭 알아야 하는 용어에 표시했는지 점검하기 편합니다. 한국교육학술정보원에서 제공하는 '디지털 교과서dtbook.edunet.net'를 활용하면 교과서를 지루하지 않게 볼 수 있습니다. 2022학년도에는 3, 4학년, 2023학년도에는 5, 6학년의 사회 교과서가 검정 교과서로 바뀝니다. 디지털 교과서는 각 출판사 홈페이지에서 확인할 수 있을 겁니다. 디지털 교과서에는 용어 사전 기능이 있어 어휘가 부족한 학생도 쉽게 이해할 수 있습니다. 따로 자료를 찾아보지 않아도 멀티미디어 자료, 실감형 콘텐츠와 같은 풍부한 학습자료가 제시되어 있습니다.

교과서를 읽고 나면 진도에 맞춰 문제집을 풀고, 채점까지 합니다. 아이가 채점을 직접 하다 보면 틀린 문제를 고친 후 맞았다고 채점하고 싶은 마음이 들게 마련이므로, 채점은 부모가 해주면 좋습니다. 하지만 채점까지 해줄 시간적 여유가 없다면 아이에게 스스로 채점하게 하고 이렇게 말해줍니다. "문제집은 잘 공부했는지 확인하고, 모르고 지나간 내용을 확인하려고 푸는 거야. 엄마는 네가 많이 틀렸다고 실망하지도, 다 맞았다고 기뻐하지도 않을 거야. 스스로 풀고 채점하면서 모르는 내용은 알고 넘어갔으면 좋겠어. 엄마는 단원이 끝날 때마다 문제집을 풀었는지만 확인할게."

우리 아이가 문제집을 푸는 방법은 조금 색다릅니다. 개념 문제를 풀기 전에, 해당 교과서 쪽수를 찾아서 쓰게 합니다. 틀린 문제를 고칠 때도 문제집에 있는 설명이나 해설지를 보지 말고, 교과서를 읽고 쪽수를 쓰게 합니다. 이 과정을 반복하면 교과서에 친숙해집니다. 교과서에 나온 개념과 그와 관련된 시각 자료가 눈에 익습니다. 교과서를 읽고, 교과서에 나오는 자료를 찬찬히 살피는 습관을 들여야 하므로 문제집을 풀면서도 수시로 교과서를 뒤적이게 합니다. 아이가 문제집을 풀어 놓은 걸 보면, 제대로 풀고 채점했는지, 해답을 베꼈는지, 진짜 이 단원을 잘 공부했는지가 눈에 보입니다. 아이가 어려워하는 단원은 교과서를 다시 읽습니다.

사회 시간에 배운 용어를 제대로 모르면, 교과서를 소리 내어 읽게 합니다. 글이 많지 않아서 읽는 데 시간이 오래 걸리지 않습니다. 말풍선 안에 있는 글, 필요에 따라 표와 그림, 지도 안에 있는 글도 소리 내어 읽습니다. 사회 교과서를 소리 내어 읽게 하는 이유는 세 가지입니다.

첫째, 음독은 기억력을 높이는 효과가 있고[34]

둘째, 딴생각하지 않고 집중해 읽을 수 있으며

셋째, 낯선 용어를 입에 붙게 할 수 있습니다.

낱말을 안다고 활용할 수 있는 게 아닙니다. 용어가 입에 붙어야 평소에 사용할 확률이 높아집니다. 사회 교과서를 소리 내어 읽고 나서 틀린 문제를 다시 풉니다.

문제집 풀이가 사회 공부의 끝이 아닙니다. 아이가 사회 공부는 곧 암기라고 받아들이면 안 되니까요. 사회 교과서에 제시된 개념과 자료를 충실히 이해한 후, 실생활과 연결해야 합니다. 이미 알고 있던 지식을 사회 시간에 배운 내용으로 이어도 좋고요. 사회 시간에 배우는 내용이 우리의 삶과 관계가 있다는 걸 느끼는 경험이 필요합니다. 독서와 다양한 매체로 사회 공부와 삶을 연결할 수 있습니다.

교과서의 행간을 채우는 독서의 비결

'초등교육'을 흔히 기초교육이자 기본교육이라고 합니다. 기초의 사전 적 의미는 '건물, 다리 따위와 같은 구조물의 무게를 받치기 위해 만든 밑받침', 기본은 '사물이나 현상, 이론, 시설 따위를 이루는 바탕'입니다. 초등학교에서 배우는 모든 교과는 앞으로 배울 내용의 밑받침과 바탕입니다. 집을 짓기 위해 지반을 다지는 모습을 떠올려보세요. 터 전 체를 고르고 판판하게 다집니다. 기초를 다지지 않은 땅에 건물을 올릴 수 없습니다. 밑받침과 바탕이 탄탄해야 건물이 무너지지 않습니다. 터 가 넓어야 건물도 높이 올릴 수 있습니다. 초등학교 시기는 얼마나 빠 르고 화려하게 집을 짓는지보다는 기초를 얼마나 단단하고 폭넓게 다 지는지가 중요합니다.

사회도 그렇습니다. 초등학교 사회 시간에는 한국사, 사회문화, 한 국지리, 세계지리, 생활과 윤리, 윤리와 사상, 정치와 법, 경제 등 각 영 역을 이해하기 위한 바탕을 다집니다. 배울 내용이 이렇게 많은데, 이

것만 다루면 어쩌나 싶을 정도로 수박 겉핥기식으로 배우고 넘어갑니다. 수박 겉핥기처럼 배운다고 염려할 필요가 없습니다. '수박의 겉은 이렇게 생겼구나. 수박이 정말 달콤하고 시원할까? 이걸 어떻게 잘라서 맛을 본담?' 하고 수박의 맛을 궁금해하고, 어떻게 하면 맛있게 먹을 수 있을까 궁리하게 만드는 게 초등교육의 목표입니다. 초등학교 사회 교과서도 사회과 학습의 기초와 기본을 다지면서 사회 공부의 '맛'을 보도록 집필되어 있습니다.

예를 들어 한국사 영역은 고조선부터 시작해서 6. 25전쟁에 이르는 그 긴 기간을 한 학기(5학년 2학기)에 훑습니다. 한반도에서 치열한 전쟁이 지속되었던 삼국시대가 20줄도 안 되는 설명에 담겨 있습니다. 초등학교 때 사회를 자세하게 가르치려면 가르치는 어른도, 배우는 아이도 괴롭습니다. 초등학교에서 배우는 한국사는 세부 사건보다 국가의 형성과 쇠락, 어려움을 극복해낸 일, 우리 문화와 기술의 우수성을 탐색하면서 역사적인 교훈을 찾는 데 초점을 둡니다. '백제가 왜와 친하게 지낸 이유는 뭘까?' '신라는 어떻게 삼국을 통일했지?' '고구려 영토였던 이 땅이 지금은?'과 같은 질문을 아이 스스로 생각해내고, 탐구하고 싶은 마음이 들도록 '톡' 치고 지나가는 겁니다.

사회 공부는 교과서 '만' 읽으면 안 됩니다. 폭넓은 독서를 하지 못하면 교과서 '라도' 제대로 읽어야 합니다. 초등학교 사회 교과서는 방대한 사회과 학습 내용 중 기초만 압축해 담았습니다. 압축한 내용을 다양한 책으로 풀어간다는 느낌으로 독서를 해야 합니다. 사회 교과서는 초등학생이 알아야 할 최소한의 개념을 안내하는 교재입니다. 쉽고 재미있게 읽을 만한 사회 관련 책으로 교과서의 행간을 채우면, 사회 학습은 물론 독서 습관 형성에도 도움이 됩니다. 초등학생 아이가 흥미를 가지고 부담 없이 읽을 만한 한국사 책을 구입한 뒤 바로 그 주말에 공주 석장리박물관, 국립공주박물관, 공산성을 돌아보고 왔습니다. 여행의 감흥이 가시기 전에 구석기시대와 삼국시대에 관한 TV 프로그램과 유튜브 동영상을 함께 보았습니다. 그러고는 책꽂이에 꽂혀 있는 책을 꺼내서 보여주었습니다. 읽으라고 하지 않았는데도 아이들은 정신없이 책을 읽기 시작했습니다. 글이 적고 그림이 재미있어서 그런지 읽고 또 읽었습니다. 한동안 역사 동영상과 책을 반복해서 보았고, 아이들이 새로 알게 된 역사 이야기를 저에게 말하면, "그게 언제 있었던 일이지?" 하면서 벽에 붙여 놓은 한국사 연표에 표시했습니다. 역사 속 인물 이야기나 사건으로 역사에 흥미를 갖게 하고, 한국사 연표와 한국사 전집으로 한국사 통사에 익숙해질 수 있도록 했습니다. 한국사 전집은 번호대로 꽂힌 책 제목만 봐도 한국사의 흐름이 보여서 전체의 흐름을 읽는 데 도움이 되었습니다.

아이들은 위인전과 역사 인물에 관한 책을 비롯해 역사를 배경으로 한 책도 읽었습니다. 『마지막 왕자(강숙인 글, 한병호 그림, 푸른책들)』, 『초정리 편지(배유안 글, 홍선주 그림, 창비)』, 『꽃신(이영서 글, 김동성 그림, 파랑새어린이)』, 『책과 노니는 집(김소연 글, 김동성 그림, 파랑새어린이)』, 『서찰을 전하는 아이(한윤섭 글, 백대승 그림, 푸른숲주니어)』, 『35년(박시백 글·그림, 비아북)』, 『우리말 모으기 대작전 말모이(백혜영 글, 신민재 그림, 푸른숲주니어)』등 역사적 사건을 배경으로 하는 책은 그 시대를 살던 사람에게 관심을 가지게 합니다. 역사 속 사람에 눈길을 돌리자, '내가 이 시기에 태어났더라면?' '이 인물이 오늘날을 살고 있다면?' '다른 나라 사람들은 이때 어떻게 살고 있었을까?' 하는 질문을 떠올리고, 독서의 방향도 현대사와 세계사로 옮겨갔습니다. 생각의 가지를 뻗기 위해서는 아이들의 관심사를 주의 깊게 살피고, 적절한 책을 골라서 제때 읽게 해야 하는데, 이게 참 만만치 않습니다. 세상엔 공짜가 없고, 저절로 되는 일이 없다는 말이 맞습니다. 특히 아이들 키우는 일엔 꼭 맞는 말이죠.

사회과에 흥미가 없는 학생이나, 어려워하는 학생은 학습만화가 도움이 됩니다. 제가 아이들에게 사준 학습만화 중 하나는 『35년』입니다. 저는 일제강점기를 공부하기가 참 힘들었습니다. 제국주의 소용돌이 속에서 힘없이 쓰러져간 조선과 대한제국의 무능함과 어두움이 가슴을 짓누릅니다. 내용이 힘겨운 데다가 수많은 독립운동가와 단체 이름을 외우기는 더 고역입니다. 비슷비슷한 이름의 독립운동 단체가 왜 이리 많은지요. 하지만 독립을 이룰 수 있을지 희망도 보이지 않는 35년간 독립운동을 한 수많은 선조 한 분 한 분이 소중합니다. 암기하기 힘들다는 이유 하나로 나도 모르게 그 분들과 단체를 짜증 섞인 눈으로 본 것 같아 부끄러웠습니다. 우리 아이들도 그렇게 역사를 대할까 걱정됐고, 나라를 잃었던 35년간 일어난 일을 쉽게 소개한 책을 찾았습니다. 그러다 반갑게 만난 책이 『35년』입니다. 책으로는 공부하기 어려운 일제강점기의 역사를 서사로 읽을 수 있었고, 독립운동가의 희생을 감사하게 여기는 마음까지 갖게 되었습니다.

사회과는 내용이 워낙 방대하니, 학습 내용과 관계 있는 책을 고르는 것도 일입니다. 일일이 사회 학습과 연계된 단행본을 고를 여력이 없다면, 사회 교과 관련 전집 읽기도 고려해 보세요. 어떤 책이든 읽지 않는 것보다는 낫습니다. 다른 책은 자유롭게 읽게 하는 허용적인 학부모도, 교과 관련 책은 다 읽었는지, 기억은 하는지 확인하려는 경향이 있습니다. 사회 전집을 억지로 처음부터 끝까지 다 읽게 한다든지, 책에 나온 내용을 외웠나 확인하는 건 추천하지 않습니다. 아이의 지적 호기심을 키우고 채우는 방향으로 책을 읽도록 해주세요. 책 외에도 미디어를 활용하면 사회 시간에 배운 내용이 삶으로 연결되고, 삶이 또 사회 교과와 이어지는 경험을 할 수 있습니다.

디지털 문해력을 키워야 하는 이유

책 읽기만 사회 공부에 도움이 되는 건 아닙니다. 폭넓은 독서와 경험 모두 사회과 배경지식을 채우는 공부입니다. TV 교양 프로그램과 유튜브 동영상도 잘 활용하면 역사와 사회 전반에 관한 관심이 높아지고,

상식이 풍부해집니다. 우리 아이들도 책과 신문은 물론 TV 교양 프로그램과 유튜브 채널에서 큰 도움을 받고 있습니다.

우리 가족은 TV를 즐겨보지 않지만, 함께 챙겨보는 프로그램이 몇 개 있습니다. 〈책 읽어주는 나의 서재〉〈차이나는 클라스〉〈벌거벗은 세계사〉〈유 퀴즈 온 더 블럭〉〈역사저널 그날〉〈선을 넘는 녀석들〉〈꼬리에 꼬리를 무는 그날 이야기〉 등입니다. 프로그램의 주제에 따라 아이가 보기에 적합하지 않은 내용이 포함될 수 있으므로, 편성표나 미리 보기 등으로 먼저 대강을 훑어보고 함께 시청합니다. 가족이 함께 모여 보는 프로그램은 색다른 즐거움을 줍니다. 안방에서 편안하게 문학, 의학, 과학, 교육, 인권, 지방자치, 민주주의, 불평등, 환경, 빅데이터 등 각 분야의 전문가가 전해주는 다양한 정보를 접할 수 있어 더 즐겁습니다. 피부로 느끼는 주제를 다루기에 흥미롭기도 하고요. 아이들은 TV 프로그램을 보면서 사회문제에는 수많은 이해관계가 얽혀 있고, 해법 또한 단순하지 않다는 사실을 자연스럽게 알게 됩니다. 수많은 교양 프로그램은 '오늘날 우리에게는?' '나는?'과 같은 화두를 던지는 경우가 많아서 아이와 대화할 기회도 잡을 수 있습니다. 자녀와 예능의 형식이 가미된 교양 프로그램을 찾아 함께 보면서 앎의 즐거움과 동시에 사회문제를 조망하는 계제도 만들었으면 좋겠습니다.

EBS와 유튜브에도 유익한 강의와 동영상이 넘쳐납니다. EBS 〈역사가 술술〉〈역사 e뉴스〉〈스토리 한국사〉로 재미있게 한국사를 접할 수 있고 〈클래스로그〉〈Extra Credits〉〈Kids Academy〉 등의 유튜브 채널도 있습니다. 유튜브에는 자극적인 내용이나 비속어가 섞인 동영상, 사실이 아니거나 출처가 불분명한 정보가 섞인 콘텐츠가 없는지 부모가 먼저 보는 게 좋습니다. 보호자가 함께 볼 수 없을 땐, 아이 혼자 보게 하지 말고 거실이나 주방 등 수시로 시청 상태를 확인할 수 있는 장소에서 보도록 해주세요. 동영상을 소리가 나게 틀어놓고 오가면서 "무슨 내용이니?" "그런 일이 있었구나." 등의 관심과 반응을 보여주세요. 유튜브 설정에서 자동 재생을 해제하고 제한 모드를 사용하면 미성년자에게 부적합한 동영상을 어느 정도 거를 수 있고, 댓글도 보이지 않습니다. 유튜브는 방대하고 재미있는 정보의 바다이기도 하지만, 자칫하면 유해한 콘텐츠가 아이를 노리는 위험한 바다로 돌변하기도 합니다. 유튜브를 보는 아이를 '물가에 내놓은 아이'라고 여기고, 부모님이 꼭 지도해주세요.

TV 뉴스, 라디오 프로그램, 신문 또한 훌륭한 사회 교재입니다. 아침 TV나 라디오는 보통 지난밤에 일어났던 뉴스를 다룹니다. 출근과 등교 준비를 하며 뉴스를 듣는 것도 방법입니다. 우리 아이들은 아침에 일어나자마자 식탁에 앉아 아침 식사가 나오기 전까지 어린이 신문을 훑어봅니다. 문해력을 다지는 습관으로 어린이 신문 훑어 읽기와 스크랩을 소개한 바 있습니다. 신문을 읽으면 문해력은 물론 사회를 보는 시야도 넓어집니다. 어린이 신문에 나온 내용 중 아이가 관심 있어 하는 주제는 어른이 보는 신문으로 살펴보기도 하고, 인터넷을 검색할 수도 있습니다. 신문이야말로 정치, 사회, 경제, 문화, 스포츠 등 다양한 사회 분야의 뉴스를 한눈에 훑을 수 있는 생생한 교재입니다.

다양한 매체를 접하고 정보를 검색하면, 자연스럽게 정보를 전달하는 예를 많이 접하게 됩니다. 글을 잘 쓰려면 좋은 글을 많이 읽어야 하는 것처럼, 자기가 말하고 싶은 내용을 잘 전달하려면 정보를 효과적으로 제시한 좋은 예를 많이 봐야 합니다. 말하고자 하는 내용을 가장 효율적인 방법으로 표현하는 능력 또한 문해력입니다. 유튜브, 팟캐스트 같은 개인 방송의 영향력이 TV를 압도하는 이 시대에 자기 목소리를 어떻게 효과적으로 전달하는가는 생존의 문제가 되었습니다. 엄청난 양의 정보 속에서 진실과 거짓을 판별하고, 창의적으로 정보를 활용해 문제를 해결하는 능력, 즉 '디지털 문해력'이 더욱더 중요로워질 것입니다. 미국도서관협회에서는 디지털 문해력을 "정보를 찾고, 평가하고, 생성하고, 전달하는 능력"이라고 정의했습니다.

세계 각국에서는 디지털 문해력을 높이기 위해 노력하고 있습니다. 국민의 디지털 문해력이 곧 국가의 경쟁력이기 때문입니다. 영국은 국가 수준 연구에서 디지털 문해력을 '디지털 사회에서 개인이 삶, 학습, 직업을 영위하기 위한 필수 능력'으로 정의하고, 디지털 문해력의 요소를 일곱 개로 제시했습니다.

- **미디어 문해력**Media Literacy
  미디어를 활용해 비판적으로 읽고, 창의적으로 교육 및 전문 영역의 소통하기

- **정보 문해력**Information Literacy

  정보를 탐색·이해·평가·관리·공유하기

- **디지털 학문**Digital Scholarship

  디지털 시스템을 활용해 융합 전문 교육 및 연구 활동에 참여하기

- **학습 기술**Learning Skills

  기술이 지원되는 환경에서 형식 혹은 비형식 교육을 효율적으로
  학습하기

- **ICT 문해력**ICT Literacy

  디지털 기기 및 어플리케이션에 적응 및 활용하기

- **경력과 신원 관리**Career&Identity Management

  디지털 평판 및 온라인 신원을 관리하기

- **소통과 협업**Communication&Collaboration

  학습과 연구를 위한 디지털 네트워크 참여하기

디지털 문해력을 이루는 요소를 살펴보면, 스마트 기기를 다루고 코딩을 잘하는 것이 디지털 문해력이 아닌 걸 알 수 있습니다. 거의 모든 요소에 공통으로 들어가는 단어는 '공유'와 '참여'입니다. 데이터와 정보를 효과적으로 재구성하고 창출해 공유하는 능력, 문제 해결 과정에서 협업하는 능력이 디지털 시대를 살아갈 우리 아이들이 갖추어야 할 소양인 것입니다.

다양한 매체를 통해 접하는 정보를 비판적으로 읽고, 읽은 내용을

다른 사람과 공유하도록 해보세요. "진위를 어떻게 확인할 수 있을까?" "제시된 자료는 사실이나 의견을 효과적으로 뒷받침하나?" "이 정보를 어디에, 어떻게 활용하면 좋을까?" 등의 질문은 사회 공부는 물론 디지털 문해력까지 높여줄 것입니다.

여행으로
사회 공부에 날개 달기

온몸으로 세상을 배우는 아이들에게 경험은 가장 효과적인 공부입니다. 디지털 영상 지도로 고장의 모습을 찾아본 아이에게 '디지털 영상 지도'는 어려운 용어가 아닙니다. 역에서 기차를 타고, 터미널에서 버스를 탔던 아이는 역이나 터미널을 '장소를 이동하기 위한 시설'이라고 외울 필요가 없습니다. 유원지에서 신나게 논 경험이 있는 아이는 유원지가 '돌아다니며 구경하거나 놀기 위해 여러 가지 설비를 갖춘 곳'이라는 사전적 의미를 몰라도 어떤 장소인지 압니다.

그런데 체험하면서 아이에게 용어를 정확히 말해주지 않으면, 아이는 알지 못합니다. 우리 가족은 자주 시청을 지나고, 시청에 있는 도서관과 놀이터에 가기 때문에 아이들이 당연히 시청을 알 줄 알았습니다. 그런데 백지도에 시청의 위치를 표시해보라고 하자 아이는 시청이 어디냐고 물었습니다. "으웅? 몰라? 우리 자주 지나갔는데? 우리가 가끔 가는 도너츠 가게 있잖아. 그 맞은편에 높은 건물 있지? 그게 시청이야."라고 설명하고 나서야 아이가 알아챘습니다. 그렇게 높은 시청 건물을 보고 자주 지나다니고도, 시청의 위치조차 모르는 게 신기했습니다. 아이에게 시청은 그저 수많은 건물 중 하나일 뿐이었습니다.

아이가 동네에 있는 시청을 모르는 걸 보고 난 이후엔 꼭 정확한 용어를 알려줍니다. 운전할 때도 아이들에게 "시청에서는 무슨 일을 하길래 건물이 저렇게 높을까?" "법원, 검찰청, 경찰청이 왜 이렇게 다 모여 있지?" "아! 엄마는 로터리 지나기가 너무 어려워. 눈치 봐서 끼는 게 참 어렵다니까." "○○천에 물이 많이 불어났네. 간밤에 비가 많이 내렸나 보다." 등 차창 밖으로 보이는 인문환경과 자연환경에 대해 말합니다. 혼잣말로 끝나지 않게 "왜 그럴까?" "어떻게 만들어졌을까?" "이 하천에 흐르는 물은 어디서 오는 걸까? 쭉 따라가면 어디로 가지?"와 같은 질문으로 대화를 이어갑니다.

사회는 그야말로 일상생활 자체가 공부거리입니다. 아이와 경험하는 모든 것이 사회 공부로 이어진다고 생각하고, 자녀와 함께 다양한 활동을 해보세요. 그런데 다양한 체험을 한다고 해서 다 배우는 건 아닙니다. 여행을 많이 다녔던 한 학생이 기억납니다. 한 달에 한 번 이상 현장체험학습 신청서를 내고 여행을 갔습니다. 월요일이면 어김없이 주말여행이나 나들이에 대해 말하느라 바빴습니다. 반 아이들은 학교에 안 나오고 가족 여행을 자주 가는 이 학생을 부러워했습니다. 그런데 그 아이의 여행 이야기는 바비큐, 식당, 물놀이, 호텔로만 가득 차 있었습니다. 물론 여행하면서 자연을 누비고, 맛있는 음식을 먹으며 가족과 돈독한 관계를 맺는 일 자체가 가치 있는 일입니다. 그러나 약간의 노력만 기울이면 평소에는 하기 힘든 생생한 공부로 이어질 수 있는 여행 경험을 레저로만 즐긴다는 게 아쉬웠습니다.

바다에서 그냥 놀기만 하는 아이에겐 동해, 서해, 남해가 모두 같은 바다일 뿐입니다. 우리 아이들도 부모와 여행 준비를 함께하기 전까지 여행은 그저 놀이에 불과했습니다. 아이들이 유치원에 다니기 시작할 무렵부터 벽과 바닥에 우리나라 지도와 세계지도를 붙여두었습니다. 우리가 사는 곳, 친척이 사는 곳, 여행을 다녀온 곳에 표시를 했습니다. 여행 준비도 아이와 같이 합니다. 여행 준비는 지도와 책, 신문 광고나 인터넷으로 정보를 찾고 미리 여행할 곳의 모습을 상상하며 시작합니다.

엄마	지난번 평창 가는 길엔 산이 정말 넓고, 터널이 많았지? 이번엔 당진으로 여행을 갈 거야.
큰아이	평창 가는 길에 귀가 자주 먹먹했던 기억이 나요.
작은아이	그래. 그게 이유가 뭐였더라? 유스···.
큰아이	유스타키오관?
작은아이	맞아. 기압 차이 때문에 귀가 멍한 거라고 했지.
아빠	잘 기억하고 있네. (지도를 가리키며) 강원도는 이렇게 산이 많고, 높아서 터널도 계속 지났지. 이번에 우리가 여행할

곳은 강원도의 반대쪽, 당진이야.

엄마   당진으로 가는 길은 어떨 것 같아? 지난번처럼 구불구불
하고 터널이 많을까?

큰아이   아뇨. 지도의 색이 진하지 않은 걸 보니 서쪽은 산이 거의
없겠네요.

작은아이   그럼 이번엔 귀는 안 아프겠네요. 크크크.

아빠   당진에 가서 뭘 먹을까? 강원도에서는 곤드레나물이 많
이 난다고 해서 곤드레밥도 먹고, 메밀로 만든 막국수도
먹었잖아.

큰아이   맞아요. 가기 전에 『메밀꽃 필 무렵』도 읽었잖아요. 메밀
꽃 구경은 못 했지만, 메밀로 만든 막국수는 시원하고 맛
있었어요. 그런데 곤드레밥은 맛이 없던데요?

작은아이   맞아. 나는 한우가 맛있더라.

엄마   하하하. 그래? 엄마는 곤드레밥 맛있게 먹었는데. 그나저
나 당진은 특산물이 뭘까?

강원도 가는 길에 귀가 먹먹했던 경험 덕분에 등고선을 애써 가르칠
필요가 없었습니다. 여길 지날 때쯤엔 귀가 먹먹할지, 터널을 몇 개나
지날지 내기도 했습니다. 여행에 빠질 수 없는 먹을거리에 대해 말할 때
도 지역 특산품과 관련지어 보았습니다. 우리가 사는 곳과 먼 곳에서 생
산되는 농수산물과 물건이 어떻게 우리 집으로 오는지 생각하면서 자

연스럽게 교통과 물류, 교류에 관한 내용도 이야기했습니다.

　문화유산교육을 위한 여행을 계획할 때, 〈문화유산 코리아〉 동영상과 『10대들을 위한 나의 문화유산 답사기(유홍준 원저, 김경후 글, 이윤희 그림, 창비)』 시리즈 중 해당하는 문화유산에 관한 자료를 미리 살펴보고 가면, 훨씬 많은 것을 보고 느낄 수 있습니다. 문화유산 해설 시간을 미리 알아보고, 예약해서 듣는 것도 추천합니다.

　작정하고 여행에서 지리, 경제, 역사 수업을 하라는 뜻이 아닙니다. "지난번에 갔던 장호항과 이번에 갈 왜목마을의 바다 모습은 어떤지 한번 비교해보렴." "그 지역 사람들의 말투가 우리와 어떻게 다른지 잘 들어 봐."와 같은 질문을 툭툭 던지는 겁니다. 다양한 질문과 정보로 생각을 자극하고, 아이가 어떤 내용을 의미 있게 받아들이는지 확인해보세요. 아이가 어디에 관심이 있는지 알게 됩니다. 저도 아이들과 대화를 나누면서 모든 것을 기억하리라고는 기대하지 않습니다. 여행을 단순히 다른 사람이 잘 정비해놓은 숙소에서 다른 사람의 손으로 만든 음식을 즐기는 '소비'가 전부라고 느끼지 않았으면 하는 마음에서 같이 여행을 준비합니다. 사회 공부를 뛰어넘어, 아이들이 여행하는 지역의 자연환경과 인문환경을 보는 눈을 키우고, 방문한 지역에 사는 사람과 문화를 이해하는 따뜻한 식견을 갖기를 바랍니다.

교과서 100% 활용해
공책 정리 쉽게 하는 법

결론부터 솔직히 말하자면, 사회는 공책 쓰기를 하지 않습니다. 아니 못합니다. 교과서를 읽고, 문제집을 풀고, 문제집에서 틀린 문제를 공부하면서 다시 교과서를 찾아보는 것만으로도 바쁩니다. 사회 집공부는 교과 학습보다 책과 신문 읽기, 다양한 매체를 접하면서 대화하기에 시간을 더 들이고 있어서 공책 정리까지 할 여유가 없습니다.

꾸준히 공책 정리를 할 여유는 없고, 한꺼번에 몰아서 정리하려면 아이도 나도 힘들고, 그렇다고 그냥 넘기자니 찜찜하고…. 그러다 '문제집에 있는 요점 정리만 뜯어 모아둘까?' 하는 생각이 들었습니다. 아무리 잘 정리해도 문제집만큼 잘 정리할 자신이 없었거든요. 게다가 사회는 그림, 지도, 도표, 그래프가 많이 들어가는데, 하나하나 출력하거나 그리기도 어려운 노릇이니까요.

하지만 요점 정리만 모아도, 아이가 볼 것 같지 않았습니다. 어떻게 하면 한 번이라도 더 사회를 복습할 수 있을까 고민하다가 버리려고 모아둔 교과서와 문제집이 눈에 띄었습니다. '그래! 어차피 버릴 건데 고이 버려 뭐 해? 교과서랑 다 푼 문제집에서 필요한 부분만 오려서 붙이게 하면 되지. 글씨 쓰는 수고라도 덜자.' 하는 생각이 번쩍 스쳤습니다.

우리 집 사회 공책 정리 방법은 교과서 오려 붙이기입니다. 교과서에서 중요하다고 생각하는 부분을 오려서 공책에 붙여야 해서, 방학 때만 할 수 있습니다. 1학기 사회 공책 정리는 여름방학 때, 2학기 사회 공책 정리는 겨울방학 때 하는 거죠. 공책 정리를 다 하고 나면 사회 교과서와 문제집이 너덜너덜해집니다. 덕분에 교과서와 문제집을 홀가분하게 버릴 수 있습니다.

교과서를 오려 붙이는 걸 '공책 정리'라고 해도 될지 고민했지만, 아이가 중요하거나 기억할 필요가 있다고 여기는 내용을 선택해 붙이기 때문에 '정리'라고 부르겠습니다. 앞서 이야기한 대로 2022학년도에는 3, 4학년, 2023년에는 5, 6학년까지 수학, 사회, 과학 교과서가 국정에서 검정 체제로 바뀌므로, 자녀의 교과서가 다음의 예시에 나온 교과서와 다를 것입니다. 자녀와 사회 공부를 할 때 참고할 만한 내용이 있길 바라며 우리 집 사회 교과서 정리 방법을 소개합니다.

① 단원명과 주제를 보고 생각나는 대로 용어 쓰기

사회 교과서의 차례는 간략합니다. 세 개의 단원 아래 각각 두 개의 주제가 있습니다. 4학년 1학기의 경우 1단원은 '지역의 위치와 특성'이고, '지도로 본 우리 지역'과 '우리 지역의 중심지'라는 두 개의 주제로 이루어져 있습니다. 각 주제와 관계있는 사회 용어를 생각나는 대로 쓰게 하면 아이는 '지도로 본 우리 지역'의 주제에서 배운 내용을 떠올리면서 지도, 방위표, 기호, 범례, 축척, 등고선, 약도… 등을 씁니다. 분명 빠뜨린 용어도 있을 겁니다. 그럼 이제 교과서를 펴서 빠뜨린 중요한 개념은 없는지 확인합니다.

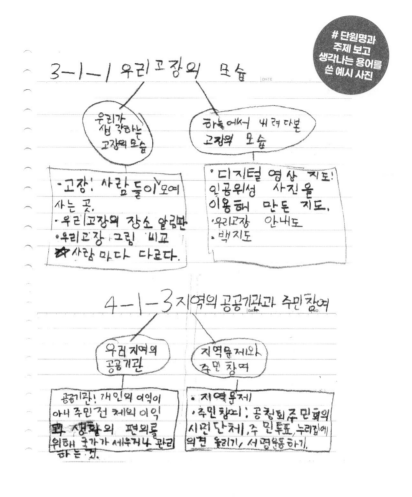

단원명과 주제 보고 생각나는 용어를 쓴 예시 사진

3-1-1 우리고장의 모습

우리가 생각하는 고장의 모습

하늘에서 내려다본 고장의 모습

- 고장: 사람들이 모여 사는 곳.
- 우리고장의 장소 알림판
- 우리고장 그림 비교
- 사람마다 다르다.

- 디지털 영상 지도: 인공위성 사진을 이용해 만든 지도.
- 우리고장 안내도
- 백지도

4-1-3 지역의 공공기관과 주민참여

우리 지역의 공공기관

지역문제와 주민 참여

공공기관: 개인의 이익이 아니 주민전체의 이익과 생활의 편의를 위해 국가가 세우거나 관리하는 것.

- 지역문제
- 주민참여: 공청회, 주민회의, 시민단체, 주민투표, 누리집에 의견 올리기, 서명운동하기.

② '주제 마무리' '단원 마무리' 다시 살펴보기

주제와 단원이 끝날 때마다 중요한 내용을 정리해놓은 부분이 '주제 마무리'와 '단원 마무리'입니다. 주제와 단원 이름만 보고 쓴 핵심 개념에서 빠진 건 없는지 확인합니다. 단원명을 쓰고, 그 아래는 '정리 콕콕'을 오려 붙입니다. '정리 콕콕'은 단원에서 중요한 용어를 콕콕 집어 정리해놓은 코너입니다.

주제를 쓰고 '주제 마무리'를 살펴보고, 오려서 공책에 붙입니다. '주제 마무리'에는 각 주제의 핵심 내용이 담겨 있어서 한눈에 복습하기 좋습니다.

③ 중요한 내용 오려 붙이기

교과서를 넘기면서 중요하다고 생각하는 표, 그림, 지도를 오려 붙입니다. 아이들에게 공책에 붙일 내용을 찾으라고 하면, 이것도 중요하고, 저것도 중요하다며 무엇을 잘라야 할지 고심합니다. 아이가 하자는 대로 두면 교과서를 그대로 오려서 붙일 기세입니다. 아이와 함께 꼭 알아야 하는 내용만 골라서 오려보세요. 풀칠하는 뒷면에 있는 내용을 다시 보지 못한다는 생각에, 오린 종이를 붙들고 한참 읽어보기도 한답니다.

④ '찾아보기'로 한 번 더 복습하기

사회 교과서 뒤에는 '찾아보기'가 있습니다. 사회 교과서에 나오는 용어가 가나다순으로 수록되어 있습니다. 주요 용어를 아이가 자신의 말로 설명할 수 있는지 확인하면 좋습니다. (검정 교과서에 따라 색인이 없는 경우도 있으니 참고하세요.)

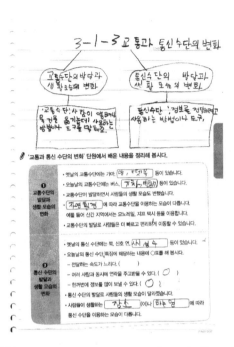

3-1-3 교통과 통신 수단의 변화

 # 사회 교과서 오려 붙인 후 '찾아보기' 확인

- 교통수단의 발달과 생활 모습의 변화
- 통신수단의 발달과 생활 모습의 변화

- 교통수단: 사람이 이동하거나 물건을 옮기는데 사용하는 방법이나 도구를 말함.
- 통신수단: 정보를 전달하려고 사용하는 방법이나 도구.

✎ '교통과 통신 수단의 변화' 단원에서 배운 내용을 정리해 봅시다.

❶ 교통수단의 발달과 생활 모습의 변화

- 옛날의 교통수단에는 가마, [말, 뗏목] 등이 있습니다.
- 오늘날의 교통수단에는 버스, [기차, 비행기] 등이 있습니다.
- 교통수단이 발달하면서 사람들의 생활 모습도 변했습니다.
- [자연 환경]에 따라 교통수단을 이용하는 모습이 다릅니다. 예를 들어 산간 지역에서는 모노레일, 지프 택시 등을 이용합니다.
- 교통수단의 발달로 사람들은 더 빠르고 편리하게 이동할 수 있습니다.

❷ 통신 수단의 발달과 생활 모습의 변화

- 옛날의 통신 수단에는 북, 신호 연, [서신/봉수] 등이 있습니다.
- 오늘날의 통신 수단의 특징에 해당하는 내용에 ○표를 해 봅시다.
  - 전달하는 속도가 느리다. ( )
  - 여러 사람과 동시에 연락을 주고받을 수 있다. (○)
  - 한꺼번에 정보를 많이 보낼 수 있다. (○)
- 통신 수단의 발달로 사람들의 생활 모습이 달라졌습니다.
- 사람들이 생활하는 [장소] (이나 하는 일)에 따라 통신 수단을 이용하는 모습이 다릅니다.

4-1 사회

공공 기관의 종류와 역할

- 도로에 쓰레기를 찾기 못하게 알리는 안내판을 만든다.
- 아름답고 깨끗한 환경을 만들려고 노력합니다.
- 직원들이 위생복을 쓰는지, 사용하는 도구를 깨끗하게 소독하는지 검사합니다.

소방서 — 화재를 예방하고 사고가 났을 때 문제를 해결하려고 노력합니다.

보건소 — 감염병과 질병을 예방하고 치료하려고 노력합니다. / 아프면 증상을 봐 준다.

경찰서 — 우리 지역의 안전을 위해 질서 유지를 위해 일합니다. / 주변에 범죄를 예방하고 막아준다.

교육청 — 학생들이 교육을 받도록 일합니다. / 아프면 누워줄 수 있다.

주민 센터 / 연락사무소 — 주변 일들을 보고 위험 신고를 하고 도와준다. / 주민 등록증 등 여러가지 민원 관련 일을 처리하는 일을 한다.

도서관 — 책을 빌려주고 공부하는 공간을 제공해준다. / 책을 읽는 실습도 있어요.

과학
과학적 사고와 탐구 방법을 익혀라

과학을 좋아하는 초등학생은 많습니다. 등교할 때부터 과학 수업을 기대하고 오는 학생도 있습니다. 과학이 좋은 이유를 물으니 과학실에서 실험을 할 수 있어서 좋답니다. 과학책을 많이 봐서 과학 상식이 풍부한 아이도 많고, 수준 높은 질문을 하기도 합니다. 그런데 학년 초에 보는 진단평가 결과는 과학 점수가 가장 낮습니다. 과학을 좋아하는 아이들이 많고, 과학책을 즐겨 읽는 아이들도 많은데 왜 시험 결과는 안 좋을까요?

아이들이 실험관찰 교과서를 대하는 모습만 봐도 과학 점수가 낮은 이유를 알 수 있습니다. 실험관찰은 탐구와 사고 결과를 기록하는 보조 교과서입니다. 과학 학습 과정을 나타내는 포트폴리오인 셈입니다. 아이들이 좋아하는 관찰과 실험은 과학 학습의 시작일 뿐입니다. 실험을 설계하는 사고의 과정, 발견한 과학적 사실에서 구성한 지식과 개념을 과학적 용어로 표현할 수 있어야 합니다.

간이 사진기를 만들고, 물체를 보는 실험에 잘 참여한 학생도 물체의 실제 모습과 간이 사진기로 본 물체의 모습의 차이점을 말하는 건 어려워합니다. ㄱ이라는 물체가 ㄴ으로 보인 실험의 결과를 "간이 사진기로 물체를 보면 물체의 모습이 상하좌우가 바뀌어 보인다."라고 쓰지 못합니다. 아이들은 선생님이 칠판에 정답을 써주기만을 기다립니다. 볼록렌즈가 빛을 굴절시킨다는 과학적 사실을 알고 있는 아이도 실험의 결과와 연결하지 못합니다. 과학을 좋아하거나 과학적 지식이 많다고 해서 과학적 능력이 우수한 것은 아닙니다. 과학과 교육과정에서는 과학적 능력을 과학적 사고력, 과학적 탐구능력, 과학적 문제해결력, 과학적 의사소통 능력, 과학적 참여와 평생 학습 능력으로 나누어 설명합니다.

- **과학적 사고력**　과학적 증거와 이론을 토대로 합리적이고 논리적으로 추론하는 능력, 추리 과정과 논증에 대해 비판적으로 고찰하는 능력, 다양하고 독창적인 아이디어를 산출하는 능력
- **과학적 탐구 능력**　과학적 사고력을 기초로 문제 해결을 위해 실

험, 조사, 토론 등 다양한 방법으로 증거를 수집·해석·평가해 새
로운 과학 지식을 얻거나 의미를 구성하는 능력

- **과학적 문제해결력** 과학적 지식과 과학적 사고를 활용해 개인적
  ·공적 문제를 해결하는 능력
- **과학적 의사소통 능력** 과학적 문제 해결 과정과 결과를 공동체 내
  에서 공유하고 발전시키기 위해 자신의 생각을 주장하고 타인의
  생각을 이해하며 조정하는 능력
- **과학적 참여와 평생 학습 능력** 공동체의 일원으로 합리적이고 책
  임 있게 행동하기 위해 과학기술의 사회적 문제에 대한 관심을
  가지고 의사 결정 과정에 참여하며 새로운 과학기술 환경에 적
  응하기 위해 스스로 지속적으로 학습해나가는 능력

'우리 아이는 과학 학습만화를 잘 읽어서 어른도 잘 모르는 내용을
많이 알고 있으니, 과학을 잘한다.'라고 생각하기 쉽습니다. 과학 지식
은 과학 학습의 일부입니다. 초등학교 과학에서는 기초적인 과학 지식
을 토대로 과학적 사고와 탐구 방법을 익히는 것이 중요합니다. 특히
탐구 활동의 과정과 결과를 과학 용어로 말하고 쓰는 연습을 반복해서
중고등학교 과학 학습의 토대를 튼튼히 만들어 놓아야 합니다.

디지털 교과서 읽기 ▶ 실험관찰 ▶ 문제집 풀기

과학은 관찰과 실험을 해야 하는 과목이라 집에서 공부하는 데는 한계가 있습니다. 집에서 과학실험을 하기는 어려우니 공부방이나 학원에 다니는 학생이 꽤 있습니다. 각종 과학실험 기구, 현미경, 천체망원경까지 가지고 있다는 학생도 보았습니다. 가정에서 혹은 학원에서 과학 실험이나 관찰을 많이 해본 아이는 과학에 흥미와 자신감을 가집니다. 그런데 실험하는 방법만 잘 알지, 실험을 왜 그렇게 설계하는지, 실험과 관련된 과학적 개념은 무엇인지 잘 모르는 학생이 많아 안타깝습니다. 블록 작품을 만들 때 설명서를 보고 조립하면 생각할 필요가 없는 것처럼, 안내에 따라서만 실험하면 과학적 사고 과정을 경험하지 못합니다. 과학 사교육 기관을 찾는다면 과학적 사고력을 기르는 방향으로 운영하는지 꼭 확인해보길 바랍니다.

우리 집 과학 공부는 과학 디지털 교과서 읽기, 실험관찰 꼼꼼하게 쓰기, 문제집 풀기를 하고 있습니다. 과학 교과서는 글씨만 읽으면 시간이 오래 걸리지 않습니다. 그런데 다른 과목과는 달리 직접 해봐야 하는 관찰과 실험에 관한 내용이 많습니다. 과학 교과서에 나온 실험을 모두 직접 해보면 좋겠지만, 학교에서조차 과학실 부족 등의 사정으로 실험을 하지 못하는 경우가 종종 있습니다. 코로나19 이후로는 특별실 사용이 어려워 실험을 하지 못하는 학교가 많습니다. 그렇다고 집에서 실험을 할 수는 없는 노릇이라서 저는 디지털 교과서를 적극적으로 활용합니다. 과학 디지털 교과서에는 용어사전이 있어서 어려운 과학 용어를 따로 찾아볼 필요가 없고, 무엇보다 실험 동영상이 있어서 집에서 과학 공부를 하는 데 큰 도움이 됩니다. 과학 개념을 이해하는 데 도움이 되는 자료도 함께 있어서 아이들이 탐험하듯 디지털 교과서를 클릭해봅니다. 2022학년도에는 3, 4학년, 2023학년도에는 5, 6학년의 과학 교과서가 검정 교과서로 바뀌면서 디지털 교과서는 각 출판사 홈페이지에서 확인할 수 있을 것으로 보입니다. 국정 디지털 교과서는 에듀넷dtbook.edunet.net에서 다운받을 수 있습니다.

과학 교과서를 읽고 나면, 배운 내용을 정리하는 실험관찰 교과서를 꼼꼼히 쓰게 합니다. 과학 공책 정리는 실험관찰 정리로 대신합니다. 실험관찰은 과학 교과서에서 다룬 과학적 개념, 실험 설계, 실험 결과를 정리해서 쓰는 보조 교과서입니다. EBS 다큐멘터리 〈학교란 무엇인가〉에서 아주대학교 심리학과 김경일 교수는 "세상에는 두 가지 종류의 지식이 있다. 첫 번째는 내가 설명할 수 없는 지식, 두 번째는 내가 설명할 수 있는 지식이다."라고 말합니다. 상위 0.1%의 차이는 메타인지, 즉 자기가 아는 것과 모르는 것을 정확히 파악하는 능력에 있습니다. 메타인지는 자기가 아는 것을 확인하는 과정을 거쳐야 발달합니다. '자신이 실제로 아는 것과 안다고 느끼는 판단 사이에 존재하는 격차를 자주 경험'해야 메타인지를 기를 수 있습니다. 그런 의미에서 배우고 발견한 내용을 자기 말로 풀어 쓰는 실험관찰은 복습과 더불어 메타인

1. 가설 설정
잎에서 물이 나와 비닐봉지 안에 물이 생겼을 것이다.

2. 실험 설계(변인 통제)
- 다르게 해야 할 조건: 나뭇잎의 수
- 같게 해야 할 조건: 모종의 크기, 삼각 플라스크의 크기와 물의 양
  ① 모종 한 개는 잎을 남겨두고, 다른 한 개는 잎을 모두 없앤다.
  ② 두 모종을 각각 물이 담긴 삼각 플라스크에 넣고 삼각 플라스크 입구와 줄기 사이에 탈지면을 넣어 물이 증발하지 않도록 한다.
  ③ 각 모종에 비닐봉지를 씌우고 공기가 통하지 않도록 묶은 후 햇빛이 잘 드는 곳에 1~2일정도 놓아둔다.

3. 관찰한 내용 쓰기(자료 변환하기)
잎이 있는 모종에 씌운 비닐봉지 안에 물이 생겼고, 잎이 없는 모종에 씌운 비닐봉지 안에는 물이 생기지 않았다.

(잎이 있는 모종)	(잎이 없는 모종)
비닐봉지 안에 물이 생긴 모습을 그리거나 사진 붙이기	비닐봉지 안에 물이 생기지 않은 모습을 그리거나 사진 붙이기

4. 자료 해석
잎이 있는 모종에 씌운 비닐봉지 안에는 물이 생겼고, 잎이 없는 모종에 씌운 비닐봉지 안에는 물이 생기지 않은 것으로 보아, 물방울은 잎에서 나왔다. 가설이 옳다.

5. 결론 도출
뿌리에서 흡수한 물이 잎을 통해 식물 밖으로 빠져나왔다.

지를 발달시키는 연습장입니다.

　6학년 1학기 식물의 구조와 기능 단원에서는 식물의 구조, 즉 뿌리, 줄기, 잎, 꽃, 열매의 생김새와 하는 일을 다룹니다. 뿌리가 물을 흡수해

줄기를 통해 잎으로 도달하면 어떻게 되는지 탐구하는 차시가 있습니다. 이 차시에는 나뭇가지에 씌워둔 비닐봉지 안에 물방울이 생기는 현상을 보고 가설을 세우고, 주어진 준비물로 실험을 설계·실행해 가설을 검증합니다.

위와 같이 가설 세우기, 실험 설계하기, 관찰한 내용 쓰기, 자료 해석하기, 결론을 도출하기의 순서대로 논리적으로 썼는지 확인합니다. 학교에서 미처 실험관찰 교과서를 쓰지 못했다면, 다 못한 부분은 복습하면서 채웁니다. 가설 설정, 변인 통제, 자료 변환과 해석, 결론을 도출하는 과정이 아이들에겐 어렵습니다. 과학 교과서와 실험관찰을 살펴보고, 아이가 못한 부분은 없는지 확인해주세요.

과학 교과서와 실험관찰로 복습한 후에는 문제집을 풉니다. 사회 문제집과 마찬가지로 풀고 나서는 아이가 스스로 채점합니다. 공립초등학교 교사로서 문제집을 사서 풀라고 권하기에 거리낌이 있습니다. 그러나 무엇을 모르는지 알고 싶다면 문제 풀기만 한 게 없어서 학년 초에 학생과 학부모님께 문제집 종류와 상관없이 사회 문제집, 과학 문제집 한 권씩은 풀어보라고 안내합니다. 문제집을 푸는 목적은 자기가 모르는 부분을 확인하고, 알고 넘어가기 위한 것이라고 말합니다. 틀린 문제는 교과서를 찾아서 고치고, 틀린 문제 번호 아래에 관련 내용이 나온 교과서 쪽수를 써야 하니 아이는 은근슬쩍 맞았다고 채점하고 싶을 겁니다. 그래서 오답을 표시한 학생이 진심으로 대견합니다. "선생님 같으면 교과서 찾아보기 귀찮아서라도 맞았다고 채점했을 텐데 ○○는 이렇게 정직하게 채점했구나. 교과서를 다시 찾아보고 공부했으니 처음부터 맞은 것보다 훨씬 더 잘 이해했을 거야. 훌륭하다."라고 칭찬합니다. 학부모 상담을 하다 보면 "학교에서도 배우고, 집에서도 복습하고 문제집을 푸는데도 틀린 문제가 많다." 하며 걱정하는 분들을 만납니다. 문제집을 평가 도구가 아니라 모르는 개념을 알고 넘어가도록 돕는 도구로 받아들였으면 좋겠습니다.

과학 집공부는 교과서 읽기, 실험관찰 교과서 확인하기, 문제집 풀기의 순서로 이루어지는 복습의 과정입니다. 복습을 통해 과학적 지식을 바르게 이해했는지 점검하고, 탐구 과정을 익히도록 돕습니다. 과학적 지식만큼 중요한 탐구 과정이란 무엇이고, 어떻게 기를 수 있을까요?

과학 지식만큼 중요한 탐구 과정 익히기

"과학교육의 목표가 지식의 습득에서 지식 형성 과정을 강조하는 것으로 변화"[35]하면서 탐구 과정이 점점 강조되고 있습니다. 탐구 과정이 무엇인지는 과학 1단원을 보면 알 수 있습니다. 탐구 과정은 곧 과학자가 탐구하는 방법입니다. 각 학년에서 제시하는 탐구 요소는 아래와 같습니다.

	탐구 과정 요소
3학년 1학기	· 관찰, 측정, 예상, 분류, 추리, 의사소통
3학년 2학기	· 탐구 문제 정하기, 탐구 계획 세우기, 탐구 실행하기, 탐구 결과를 발표하기, 새로운 탐구 시작하기
4학년 1학기	· 탄산수 탐구하기: 탄산수 관찰하기, 측정하기, 예상하기 · 핀치 탐구하기: 핀치 분류하기, 추리하기, 의사소통하기
5학년 1학기	· 탐구 문제 정하기, 실험 계획하기, 실험하기, 실험 결과를 정리하고 해석하기, 결론을 내리기
5학년 2학기	· 탐구 문제 정하기, 탐구 계획 세우기, 탐구 실행하기, 탐구 결과를 발표하기, 새로운 탐구 시작하기
6학년 1학기	· 문제 인식하기, 가설 설정하기, 변인 통제하기, 자료 변환하기, 자료 해석하기, 결론 도출하기

　　기초 탐구 과정인 관찰, 측정, 예상, 분류, 추리, 의사소통과 통합 탐구 과정인 문제 인식, 가설 설정, 변인 통제, 자료 변환, 자료 해석, 결론 도출에 관한 내용이 반복해 제시됩니다. 기초 탐구 과정과 통합 탐구 과정은 초등학교뿐 아니라 중고등학교는 물론 과학자가 탐구하는 자세의 기본입니다. 과학적 지식은 탐구의 산물입니다. '잎은 광합성을 통해 녹말과 같은 양분을 만든다.'라는 과학적 사실은 잎이 광합성으로 녹말을 만드는 것을 확인하는 실험을 설계하고, 관찰한 결과로 얻어졌습니다. 기초 탐구 과정과 통합 탐구 과정이 과학적 사실, 개념, 원리, 법칙, 이론의 바탕입니다.

탐구하는 방법을 익히려면 어떻게 해야 할까요? 아는 만큼 보이고, 본 만큼 알게 되는 것처럼 과학 지식과 과학 탐구 과정은 상보관계에 있습니다. 똑같은 물체나 현상을 관찰하더라도 지식, 경험, 신념, 흥미에 따라 결과가 다릅니다. 안경을 관찰할 때, 렌즈에 관한 지식이 있는 아이는 물체가 어떻게 보이는지 관찰할 겁니다. 디자인에 관심이 있는 아이는 안경의 생김새에 집중하고요. 무작정 탐구 기능을 익힐 기회를 준다고 해서 그 능력이 자라지 않습니다. 관찰에 필요한 지식, 분류할 기준, 측정할 대상의 특성과 측정 방법 등을 먼저 알아보고 기회를 주어야 합니다. 아이가 알고 있는 지식도 탐구 과정과 연결하지 못하는 경우가 많으므로, 배경지식을 활성화해야 합니다.

국어, 수학, 영어를 봐주기도 벅찬데 과학 탐구 기능까지 봐줄 방법을 궁리하자니 막막했습니다. 그러나 아이와 함께 학교에서 배운 내용을 훑어보면서 복습이 곧 탐구 기능 익히기라는 걸 알게 되었습니다. 예를 들어, 3학년 1학기에 지구와 달의 모습을 관찰하는 단원이 있습니다. 지구와 달의 표면을 관찰해 비교하는 활동이 주를 이룹니다. 학교에서는 달을 직접 관찰할 수 없으니, 복습하면서 집에서 달을 관찰했습니다. 천체망원경이 없어도 망원경이나 성능 좋은 카메라로도 달의 표면을 관찰할 수 있습니다. 아이가 학교에서 배운 과학적 지식을 떠올리며 달을 관찰할 수 있도록 한마디씩 질문하면 됩니다. "달의 표면과 지구의 표면은 어떻게 달라 보여?" "달의 바다는 정말 바다야?" "충돌 구덩이는 왜 생겼을까?" "지구에도 충돌 구덩이가 있을까?" 등 아이가 배운 내용을 떠올리고, 탐구할 만한 질문을 해보세요. 그리고 실험관찰 교과서를 꼼꼼하게 잘 정리했는지 확인해주세요. 아이가 궁금한 내용을 스스로 조사하고, 자료를 해석해서 결론을 내는 과정을 통해 통합 탐구 과정을 경험할 수 있습니다. 천문대에 가서 직접 달을 보고, 전문가의 설명을 들은 아이는 달의 모습을 절대 잊지 않을 겁니다.

관찰, 예상, 추리와 같은 기초 탐구 과정과 가설을 세우고 검증하는 통합 탐구 과정은 과학 복습 시간뿐 아니라 평소에도 경험하는 것이 좋습니다. 어느 날 초등학교 앞 건널목 진입부 바닥에 노란색 페인트가 칠해져 있고, LED 불빛이 연석을 따라 반짝거리고 있는 걸 봤습니다. 이런 변화는 모두에게 보입니다. 그러나 누구나 '관찰'하는 건 아닙니다. 관찰은 "왜?" "어떻게?"와 같은 짧은 질문에서 시작됩니다. "왜 바닥을 노란색으로 칠했을까?" "LED를 빛내는 전기는 어디서 오는 걸까?"라는 질문으로 지식이 탐구를 자극하고, 탐구 과정은 다시 과학 지식으로 연결됩니다. 색의 대비, 디자인, 과학, 적정기술, 에너지, 안전, 인권 등 다양한 주제가 학교 앞 건널목 옐로카펫 안에 숨어 있습니다. 우리 주변에서 탐구 주제를 찾아 아이에게 질문하고 대화하면서 과학 탐구 과정을 익혀보세요. 그리고 과학적 사고력을 키우는 효과적인 방법이 하나 더 있습니다. 바로 과학 글쓰기입니다.

과학 행사로
과학 글쓰기 연습하기

1966년 노벨생리의학상을 수상한 피터 도허티Peter Doherty 박사는 자신이 노벨상을 받게 된 원동력은 글쓰기라고 답했습니다. 과학자였던 도허티 박사가 기초과학이나 수학이 아닌 글쓰기 능력을 강조한 것입니다. 과학자가 글을 잘 쓰지 못하면 연구 결과를 설명할 수 없고, 글을 잘 쓰는 사람이 생각도 명확히 정리하며, 연구도 잘한다고 주장했습니다.

과학 글쓰기는 과학적 사고력을 높이는 데 효과적입니다.[36] 과학 글쓰기를 하면서 학생들은 스스로 탐구 활동을 설계하고 보완하게 되며, 지식을 재구성해 이해하고 활용합니다. 스스로 탐구를 계획하고 실행하고 결과까지 도출하는 경험을 하면서 자기 효능감 또한 높아집니다. 과학 글쓰기는 과학적 지식을 형성하고자 하는 성취동기까지 높이는 것으로 나타났습니다.[37] 그런데 '글쓰기'라고 하면 어른도 "나는 글을 못 쓴다"며 지레 겁을 냅니다. 그냥 글쓰기도 아니고 '과학' 글쓰기라고 하니 더 거부감이 듭니다. 그러나 과학자들은 한결같이 과학 글쓰기는 문학 글쓰기와 달라서 누구든지 쉽게 배울 수 있는 기술이라고 말합니다.[38] 과학 글쓰기는 원리를 익히고 연습하면 쉽게 쓸 수 있습니다. 과학 글쓰기는 과학 지식을 바탕으로 과학적 사고를 반영하는 글쓰기라는 면에서 문학적 재능이 없어도 누구나 쓸 수 있습니다. 과학적 사실, 법칙, 실험 결과 등을 관찰하고 연구한 대로 쓰면 됩니다. 아쉽게도 초등학교 과학 교과서는 과학 글쓰기 활동의 비율이 낮습니다.[39] 그래서 실험관찰 교과서라도 잘 정리하는 것이 좋습니다. 실험관찰 교과서는 과학 글쓰기의 연습장입니다. 저는 학생들에게 평소에도 실험관찰 교과서를 꼼꼼하게 정리하고, 각종 과학 행사에 참여하라고 추천합니다. 대부분의 과학 행사는 과학 글쓰기와 관련이 있습니다.

과도한 경쟁으로 인한 부작용과 코로나19의 영향으로 예전보다 과학 관련 대회가 줄었지만, 자유과학탐구대회, 과학동아리활동발표대회, 한국과학창의력대회, 학생과학발명품경진대회, 과학전람회 등 다양한 대회가 있습니다. 과학의 달인 4월에는 과학 관련 기관이나 각 지역의 과학관, 자치단체, 학교 단위로도 과학 행사가 열립니다. 학교생활기록부에서 수상 경력이 사라져서, 과학 대회나 행사 참가로 눈에 보이는 실적을 쌓을 수는 없습니다. 그러나 각종 과학 대회는 실제로 탐구하며 과학을 공부할 기회입니다. 과학과 교육과정에서 강조하는 과학적 사고력, 탐구력, 문제 해결 능력, 의사소통 능력, 과학적 참여와 평생학습 능력을 경험할 수 있습니다. 평소 과학 공부는 암기와 개념 이해가 주를 이루지만, 과학 대회에서는 진짜 과학자처럼 탐구 과정을 통합적으로 체험합니다.

자녀와 함께 과학관, 교육과학연구원, 학교 등 각 기관의 홈페이지에서 과학 대회와 행사 개요를 살펴보고, 잘할 수 있거나 흥미 있는 행사를 선택해보세요. 대회 계획, 채점 기준, 수상작 등을 살펴보면 어떻게 준비할지 감을 잡을 수 있습니다. 가끔 대회에 참가하는 사람이 학

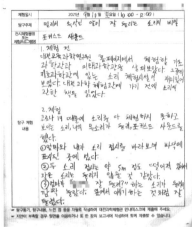

부모인지, 학생인지 모를 정도로 학부모가 아이를 휘어잡고 가는 팀이 보입니다. 참가하는 학생이 아니라, 학부모만 모여서 대회를 준비하는 모습도 여러 번 봤습니다. 대회는 눈에 보이는 성과로 심사를 하기에 결과적으로 완성도 높은 작품을 제출한 팀이 좋은 결과를 받을 수밖에 없는 현실이 씁쓸합니다. 하지만 그렇게 받은 상이 과연 아이에게 얼마나 도움이 될까요? 수상 실적 때문에 학생이 과학 탐구를 설계하고 실행해 결론까지 얻어낼, 진짜 과학 공부를 할 기회를 버리는 게 참 안타깝습니다. 과학 대회를 아이 혼자 준비하도록 내버려두라는 의미는 아닙니다. 아이가 과학 행사를 통해 과학 글쓰기를 배우고 경험했으면 좋겠습니다.

과학 수업과 과학 행사에서 일반적으로 사용하는 글쓰기는 보고서입니다. 보고서 양식은 과학적 아이디어를 연결하고, 정확하게 전달할 수 있도록 고안한 특별한 글쓰기[40]라는 면에서 연습할 만한 가치가 있습니다. 아이들이 가장 많이 쓰는 탐구 결과 보고서에 들어갈 항목은 대략 아홉 가지입니다. 때에 따라 항목을 가감하거나 수정할 수 있습니다.

탐구 결과 보고서의 항목들

1 **탐구 주제**   탐구 내용과 목표가 들어가도록 주제명 정하기

2 **탐구 동기**   구체적인 경험을 들어 탐구 주제 정하기

3 **탐구 문제**   탐구를 통해 알고자 하는 내용 쓰기

4 **탐구 계획**   탐구 방법을 선택하고, 세부 계획(준비물, 탐구 장소, 탐구 기간, 역할 분담 등) 구체적으로 쓰기

5 **탐구 결과**   탐구 활동의 결과를 정리하되 표, 그래프, 그림, 사진, 관찰 일지 등 효과적인 방법을 선택해 제시하기

6 **결론**   탐구 활동 결과를 바탕으로 탐구 문제의 결론 내리기

7 **더 알고 싶은 점**   궁금했던 점이나 더 탐구하고 싶은 내용 쓰기

8 **느낀 점**   탐구하면서 느낀 점 쓰기

9 **참고 자료**   참고한 책이나 인터넷 사이트 등을 기록하기

과학 글쓰기에는 아는 것은 더 정확히 알게 되고, 모르는 것은 확인해서 알아낼 방법을 궁리하게 만드는 힘이 있습니다. 전에는 떠오르지 않던 호기심이 생깁니다. '이건 어떻게 알아보면 될까?' '왜 그렇지?' '이게 맞는 걸까?' 하고 자꾸 확인하게 됩니다. 과학 글쓰기의 장점은 알지만, 막상 과학 글쓰기와 탐구 설계를 어떻게 해야 할지 막막합니다. 전형적인 문과 성향을 가진 저도 과학 글쓰기 방법을 많이 고민했습니다. 그러다 고안한 방법이 과학자의 이야기를 보고서로 바꿔 쓰기입니다.

과학자의 이야기를 보고서로 바꿔 쓰기

"선생님은 선생님이니까 보고서 쓰기도 쉽게 가르치시겠죠. 우리 같은 보통 엄마는 과학 탐구 보고서를 쓰기가 정말 어려워요."

이런 말을 자주 들었습니다. 저처럼 과학에 흥미도, 재능도 없는 사람도 연습하면 과학 글쓰기를 할 수 있습니다. 형식에 맞춰 글을 쓰는 연습을 하면 아이도 잘 쓸 수 있습니다. 글을 잘 쓰려면 좋은 글을 많이 읽어야 하듯, 과학 탐구 보고서를 잘 쓰려면 좋은 과학 탐구 보고서를 많이 읽는 게 도움이 됩니다. 과학 대회와 행사를 주관하는 기관의 홈페이지에서 역대 수상작을 참고하는 것도 좋습니다.

실제로 탐구를 수행하고 보고서를 쓰기 전에, 과학자의 탐구 이야기를 과학 탐구 보고서로 바꿔 써보면 큰 도움이 됩니다. 과학자의 탐구 이야기는 가장 좋은 보고서의 예입니다. 탐구 보고서를 쓰기 전에 과학자가 탐구한 이야기를 읽고, 각 항목에 따라 분석해서 정리하면, 최상의 탐구 보고서를 작성할 수 있습니다. 저는 아이와 탐구 보고서를 쓰기 전에, 마침 구독해서 보고 있는 『어린이 과학동아』에 소개된 '괴혈병을 막는 비타민 C'를 함께 읽고, 괴혈병을 치료하게 된 과학자의 탐구 이야기를 더 조사했습니다. 제임스 린드가 괴혈병의 원인과 치료 방법을 탐구하는 과정을 찾아서 정리한 후, 보고서의 틀에 맞춰 정리했습니다.

영국의 군의관 제임스 린드의 괴혈병 연구 이야기

이른바 대항해시대에 선원들의 공포의 대상이었던 괴혈병은 수많은 선원의 목숨을 앗아갔다. 괴혈병은 항해가 길어지면서 잇몸에 피가 나기 시작하고, 이가 다 빠지고, 예전에 회복한 상처가 다시 악화되면서 끝내 죽음에 이르게 하는 병이었다. 영국 해군 장군 조지 앤슨은 1740년에 6척의 배에 1,955명의 승무원과 함께 세계 일주 항해를 시작했고, 4년 동안의 긴 탐험 후에 오직 634명만 살아 돌아왔다. 1,321명의 사망자 중 997명이 괴혈병으로 죽었다. 1747년 영국 해군의 군의관이었던 제임스 린드는 많은 선원과 해군의 목숨을 위협하는 괴혈병에 관심을 갖게 된다. 오스트리아 군의관 크라머의 보고서, 괴혈병을 관찰한 탐험가의 기록을 조사한 후 괴혈병에 걸린 사람이 먹는 음식에 무언가 이상이 있다는 가설을 세운다. 괴혈병에 걸린 환자 12명을 2명씩 6개의 무리로 나누어 실험했다. 모든 환자에게 똑같은 식사를 주고, 6개의 무리에 각각 사과주, 황산염, 식초, 바닷물, 타르타르 크림과 고추냉이 혼합액, 오렌지와 레몬을 주었다. 실험을 시작한 지 6일 후, 오렌지와 레몬을 먹은 환자 두 명은 모두 나았지만, 나머지 5개 무리에 속한 10명은 낫지 않았다. 나머지 10명에게도 오렌지와 레몬을 주었고 그 결과 다른 환자도 모두 나았다. 제임스 린드는 영국 해군에게 괴혈병을 예방하기 위해 함정에 오렌지를 비치하라고 권고했다.

그러나 1753년에 발표한 제임스 린드의 연구 결과는 바로 일반화되지 못했다. 임상실험했던 환자의 수가 적은 데다가 오렌지와 레몬이 비쌌고, 심각한 병을 과일로 쉽게 고칠 수 있다는 사실을 의료계에서 받아들이지 않았기 때문이다. 영국은 1795년이 되어서야 모든 해군에게 감귤주스를 제공하기 시작했다. 나중에는 영국이 차지한 카리브해 연안의 식민지에서 구하기 쉬운 라임으로 라임주스를 개발해 군인들에게 나누어준 덕분에 19세기에는 괴혈병이 자취를 감추었다. 영국 군인을 비하해서 칭하는 '라이미(Limey)'는 라임주스에서 비롯되었다고 한다.

제임스 린드의 괴혈병 연구 보고서

1. 탐구 주제
- 괴혈병의 원인과 치료 방법

2. 탐구 동기
- 항해를 하는 많은 선원과 해군이 괴혈병으로 죽는 것을 보았다.

3. 탐구 문제
- 괴혈병의 원인은 무엇인가?
  가. 자료 조사: 군의관 크라머의 괴혈병에 관한 보고서,
                괴혈병의 증상을 기록한 탐험 일지 등
  나. 가설 설정: 괴혈병은 환자가 먹는 음식과 관련이 있다.
  다. 변인 통제
     1) 같게 해야 할 조건: 괴혈병의 진행 정도가 비슷한 환자, 식사의 양과 종류
     2) 다르게 해야 할 조건: 식사 외에 추가로 주는 음식

4. 탐구 계획
  가. 준비물: 같은 양의 식사, 사과주, 묽은 황산, 식초, 바닷물, 타르타르 크림, 고추냉이, 오렌지, 레몬
  나. 탐구 장소: 샐리스버리(Salisbury)호
  다. 탐구 기간: 1747. O. O. ~ 1747. O. O.
  라. 실행 계획
     1) 괴혈병에 걸린 환자 12명을 2명씩 6개의 무리로 나눈다.
     2) 모든 환자에게 똑같은 식사를 주고, 무리에 따라 다른 음식을 추가로 먹게 한다.
     3) 사과주, 묽은 황산, 식초, 바닷물, 타르타르 크림과 고추냉이 혼합액, 오렌지와 레몬을 각각 지급하고 먹게 한다.

5. 탐구 결과

- 6일 후 오렌지와 레몬을 먹은 환자 두 명은 나았고, 나머지 음식을 먹은 10명의 환자는 낫지 않았다.

날짜 \ 무리	사과주	묽은 황산	식초	바닷물	혼합액	오렌지와 레몬
1일차 ○월 ○일						
2일차 ○월 ○일						
3일차 ○월 ○일						
4일차 ○월 ○일						
5일차 ○월 ○일						
6일차 ○월 ○일						

6. 결론

- 괴혈병은 오렌지 같은 과일을 먹으면 치료할 수 있다. 괴혈병은 과일이나 채소를 오랜 기간 먹지 못해서 발생한다. 그러므로 괴혈병을 예방하기 위해서는 선원에게 일정량의 과일을 먹게 해야 한다.

7. 더 알고 싶은 점

1) 과일의 어떤 성분이 괴혈병을 치료하는 걸까?
2) 사과주, 묽은 황산, 식초, 바닷물, 혼합액을 먹은 환자의 상태는 어땠을까?
3) 과일을 통째로 먹을 때와 주스로 먹을 때, 괴혈병을 예방하는 정도의 차이는 없을까?

8. 느낀 점

- 오렌지와 레몬이 너무 비싸서 실험을 오래 하지 못했다. 더 많은 괴혈병 환자를 대상으로 연구를 하고 싶다.

9. 참고 자료

- 군의관 크라머의 괴혈병에 관한 보고서
- 괴혈병의 증상을 기록한 탐험 일지
- 콜럼버스가 카리브해 퀴라소섬에 내려준 괴혈병 환자에 관한 이야기

아이들은 제임스 린드의 연구를 보고서로 바꿔 쓰면서 간접적으로 탐구 과정을 체험했습니다. 하위 항목에 들어갈 내용을 생각하고, 번호

를 매기는 기본적인 정리 방법을 익혔습니다. 아이들이 실제로 연구를 진행하지는 않았기에 '더 알고 싶은 점'과 '느낀 점'은 쓰지 않고 넘어가려고 했습니다. 그런데 아이들은 자신이 제임스 린드인 것처럼 '과일의 어떤 성분이 괴혈병을 치료하는지 궁금했을 것이다.' '12명밖에 연구를 해보지 않았으니 더 많은 환자를 대상으로 실험하고 싶었을 것이다.'라고 말했습니다. 더 나아가 "엄마, 아무리 희석했다고 해도 황산을 먹어도 되는 거예요?" "다른 음식도 많은데 왜 바닷물을 먹였어요?" 등의 질문이 이어졌습니다. 아이들과 이야기하면서 묽은 황산과 식초가 과일의 시큼한 맛과 비슷하니까 사용했을 것이다, 항해 중에 가장 구하기 쉬운 것이 바닷물이니까 바닷물이 도움이 되면 좋겠다고 생각했을지도 모른다고 함께 추측했습니다. 실제로 묽은 황산을 먹은 환자가 심각한 부작용을 앓았다는 걸 알게 되면서, 과학자의 윤리에 관한 이야기도 자연스럽게 나눌 수 있었습니다. "제임스 린드 이전에도 콜럼버스나 오스트리아 군의관 크라머 등 괴혈병 치료법을 발견한 사람들이 있었고, 치료법이 어렵지도 않은데, 왜 몇백 년이 흐르고 나서야 괴혈병을 치료하게 됐을까?"에 관해 이야기하면서 과학의 성과가 우리의 생활로 이어지기까지는 정치, 경제, 법, 문화 등 다양한 영역이 연관되어 있다는 것도 깨달았습니다.

아이들과 함께 과학자의 연구를 조사하고, 탐구 보고서를 써보세요. 탐구 보고서 쓰기도 연습하고, 책의 내용을 곱씹어 보는 독후 활동으로서도 가치가 있습니다.

과학 문해력 높이는
과학책 읽기

과학교육의 목표는 과학적 소양을 기르는 데 있습니다. 모든 아이가 과학과 관련 있는 일을 하지도 않을 텐데 왜 과학적 소양을 길러야 할까요? 생물학자 에른스트 마이어Ernst Mayr는 기후변화, 서식지 파괴, 교육, 범죄의 증가와 같이 정치적이면서도 우리의 생활과 밀접한 분야의 정책을 세울 때 생물학적 성과에 관한 지식이 꼭 필요한데, "너무나 자주 정치가들은 무지 속에서 정책을 편다."[41]라고 말했습니다. 지금도 그렇지만, 미래에는 한 분야의 지식만으로는 해결하기 어려운 복잡한 문제가 생길 것입니다. 과학이 변화의 중심에 있는 한, 과학적 소양은 올바른 의사 결정의 필수조건입니다. 과학적 소양은 과학 문해력에서 나옵니다.[42]

　버클리대학교 데이비드 피어슨David Pearson 교수는 『사이언스Science』에서 학생 대부분이 과학 분야를 연구하지 않더라도, 과학이 급속도로 발달하는 사회의 구성원이자 소비자로서 과학과 관련된 글을 읽으며 살아갈 수밖에 없으므로 과학 문해력이 중요하다고 강조했습니다.[43] 우리나라의 과학 문해력은 수능 국어 영역의 비문학 독해가 최상위권을 변별하는 문제로 주목받으면서 더 관심이 높아졌습니다. 비문학은 과학에 관한 내용만 다루지 않지만, 가장 어려운 문제로 꼽히는 기출문제 대부분은 과학 지문입니다.

수능에서 비문학 영역을 평가하는 이유는 대학교에서의 공부 능력의 척도가 문해력이기 때문입니다. 새로운 개념에 관한 글을 읽고 빠르고 정확하게 이해하는 능력은 학습 역량의 지표입니다. 배경지식과 함께 독해력과 논리력을 갖춘 학생이 공부를 잘할 수밖에 없습니다. 그런 면에서 과학책 읽기는 과학적 사고력뿐 아니라 언어사고력까지 개발하는 방법입니다.

과학 문해력을 키우고, 과학적 소양을 갖추려면 어떤 과학책을 어떻게 읽어야 할까요? 교과서 읽기만으로는 부족합니다. 특히 초등학교 과학 교과서는 기초 중의 기초일 뿐, 얕고 광범위합니다. 과학책을 읽어야 합니다. 독서의 중요성은 말할 필요가 없을 정도로 누구나 잘 알고 있습니다. 다만 과학은 학습만화의 종류가 많아서 그런지 다른 과목보다 학습만화의 유용성에 관한 질문을 많이 받습니다. 전문가조차 학습만화에 관한 의견이 엇갈리니 조심스러운 부분입니다.

학습만화의 장점은 재미와 흥미에 있습니다. 학생의 흥미를 끌어서 학습에 관심을 가지게 합니다. 그림과 텍스트가 함께 제시되어 학습 내용을 쉽게 이해하고, 기억하는 걸 돕기도 합니다. 또한 읽기 능력이 부족한 학생도 독서로 유인할 수 있습니다.[44] 제가 만난 몇몇 작가와 국어 교사도 만화든 뭐든 많이 읽는 게 도움이 된다고 조언했습니다. 저도 우리 집 아이들에게 학습만화를 사줍니다. 하지만 주의할 점이 있습니다.

첫째, 독서를 학습만화로 시작하지 않습니다. 독서력이 단단해진 후에 학습만화를 접해야 합니다. 아이가 책에 관심이 없으니 학습만화로라도 독서를 시작해야겠다면, 말리고 싶습니다. 어느 독서 전문가는 "만화는 독서가 아닌 유튜브 시청에 가깝다."라고 했습니다.[45] 그만큼 만화는 자극이 강하고, 쉽게 읽힙니다. 처음부터 강한 자극과 쉽게 책장을 넘기는 독서에 익숙해진 아이는 줄글 책을 읽기가 힘듭니다. 유치원이나 초등학교 저학년이 보는 그림책에는 글자가 많지 않습니다. 그래서 그림책과 만화가 뭐가 다르냐고 질문합니다. 좋은 그림책은 그림 안에 이야기가 숨어 있습니다. 볼 때마다 다른 이야기가 나오기도 하고, 상상할 여지를 줍니다. 그러나 만화책 대부분은 이야기를 들려줍니다. 인물이 한 말이 말풍선 안에 담겨 있고, "허걱" "이런!"과 같은 외마디와 함께 인물의 표정으로 감정을 나타내니 아이가 생각하면서 읽을 필요가 없습니다. 만화책을 읽는 과정은 수동적입니다. 만화로는 상상하고 생각하면서 책을 읽는 습관을 들이기 어렵습니다. 아이가 책에 관심이 없으면, 관심을 가질 때까지 재미있고 쉬운 그림책을 골라 읽어주세요. 줄글 책을 잘 읽는 아이에게만 양념처럼 학습만화를 골라주세요. 학습만화부터 맛보게 하면 줄글 책을 읽기가 더 힘들어집니다.

둘째, 학습만화가 독서의 주를 이루면 안 됩니다. 줄글 책을 학습만화보다 훨씬 더 많이 읽어야 합니다. 어려서부터 식습관처럼 독서 습관도 챙겨야 합니다. 저는 학습만화는 라면과 같다고 생각합니다. 라면은 정말 맛있지만, 라면을 주식으로 삼지는 않습니다. 먹을거리에 신경을 쓰는 저는 "다 소용없어. 어차피 크면 자기가 먹고 싶은 거 다 사 먹거든."이란 말을 들으면 힘이 빠집니다. "그래서 건강한 식습관을 들이려고 노력하는 거예요. 제가 아이의 식단을 챙길 수 있을 때만이라도 건강한 음식으로 채우려고요."라고 정색하고 맞받아치고 싶습니다. 독서는 마음의 양식이라고 하죠. 책은 곧 정신과 마음의 먹거리인 셈입니다. '어차피 만화책을 읽게 될 텐데…' 하고 포기하지 말고, '혼자서도 좋은 책을 찾아 읽었으면…' 하는 마음으로 꼭꼭 씹어 먹어야 하는 책을 아이에게 소개하고 부모님도 같이 읽었으면 좋겠습니다.

셋째, 학습만화로 얻은 지식은 대개 깊이가 얕습니다. 중학교에서 첫 시험을 보고 나면, 학생과 부모님 모두 예상외로 점수 얻기가 어려운 복병이라고 꼽는 과목이 과학과 사회입니다. "우리 아이는 학습만화를 읽어서 아는 게 정말 많은데 어째서…"라며 말을 잇지 못합니다. 만화는 줄글 책보다 글의 양이 적어 지식을 간추려서 전달합니다. 재미난 그림으로 핵심만 제시하니까 간단하고 외우기 쉽습니다. 아이가 단편적인 지식을 곧잘 말하니 부모님도 안심합니다. 그러나 과학은 과학적 사실, 개념, 법칙, 이론이 도출되기까지의 과정, 즉 탐구 과정이 중요한 학문입니다. 학습만화 독서가 곧 학습이라고 생각하면 안 됩니다. 교과서든 과학책이든 참고서든 탐구 과정과 원리가 나온 책을 읽어서 과학적 지식을 다져야 합니다.

과학에 흥미가 없는 학생도, 관심 있는 내용은 열심히 읽습니다. 과학책을 소개할 때, 아이가 좋아하는 내용을 살짝 건드려주면 재미있게 읽습니다. 예를 들어, 과자봉지 포장은 다 달라도 속은 모두 은색이고, 빵빵하게 기체가 채워져 있습니다. 아이에게 기체와 관련된 책을 소개하면서 "왜 과자봉지 속은 전부 은색일까?" "과자봉지 속 기체의 종류는 뭘까?" "왜 그 기체로 채울까?" 하고 질문을 해보세요. 기체에 관심이 없던 아이도 자기가 좋아하는 과자봉지 속 기체에 관한 부분은 찾아 읽을 겁니다. 갯벌 체험 전이나 후에 갯벌에 있는 다양한 생물에 관한 책을 소개하면, 아이들은 평소보다 훨씬 몰입해서 읽습니다. 숲으로 나들이를 가기 전에 각종 나무나 숲에 사는 생물에 관한 책을 읽으면 숲을 보는 눈이 달라질 겁니다. 지구본을 보면서 "옛날 사람들은 지구가 둥글다는 걸 어떻게 알았을까?" "지구의 회전축이 기울어져서 일어나는 현상은?" "만약에…." 하고 부모님이나 선생님과 대화를 나눈 아이는 지구와 우주에 관한 책을 궁금해합니다.

과학은 분야가 방대해서 전집 한 세트 정도를 구입해놓고, 궁금한 내용이 생길 때마다 찾아보기를 추천합니다. 궁금한 내용이 생기면 인터넷보다 책에서 먼저 자료를 찾아보는 습관을 만들기 위해서도 과학 전집이 유용합니다. 저도 과학 전집 두 세트를 기본으로 책꽂이에 꽂아놓고 활용하고, 아이의 흥미와 교과 내용에 맞춰 그때그때 다른 책을 대여하거나 사서 보고 있습니다. 아이들과 요즘 읽고 있는 책은 『옥스퍼드 리드 앤 디스커버리Oxford Read and Discovery』『어스본Usborne』 시리즈입니다. 영어로 된 책이지만 문장이 어렵지 않고, 유튜브 채널과 홈페이지가 잘되어 있어 아이들과 보기 좋습니다. 『어스본』 시리즈는 『초등학생이 알아야 할 100가지』 시리즈로도 유명한데, 과학뿐 아니라 수학,

역사 등 다양한 분야도 함께 읽을 수 있습니다.

과학책 외에도 3, 4학년 교과서 위주인 〈과학 땡Q〉, 5, 6학년 교과서 위주인 〈달그락달그락 교과서 실험실〉 〈스쿨랜드〉 〈프리스쿨Free School〉 〈BBC 어스 키즈Earth Kids〉 〈피카부 키즈Pikaboo Kids〉 〈홈스쿨 팝 Homeschool Pop〉 등 다양한 동영상 콘텐츠를 활용해 아이들의 호기심과 상식을 넓혀주는 것도 좋습니다.

과학책을 책장에 꽂아두고, 수시로 궁금한 점을 찾아서 읽게 토닥여주세요. 아이가 책을 꺼내 읽고 있으면 칭찬해주세요. 아이가 과학책을 읽고 알게 된 점을 이야기하면, 귀 기울여 듣고 "네 덕분에 신기한 사실을 하나 알게 됐는걸!" 하고 고마움과 놀라움을 표현해보세요. "왜 그런 거야?" "만약에?" "그래서 어떻게 되는데?" 하고 호기심을 자극하는 질문을 해보세요. 아이가 스스로 답을 찾을 수 있을 때까지 계속 탐구하는 방법을 안내하는 일이 부모와 교사가 할 일입니다.

3장

초등 집공부를
성공으로 이끄는
마음 습관

공부머리 전에
마음 보듬기부터

초등학교 수업 시간. 우리 아이가 교실에 있는 모습을 상상해보세요. 아이는 수학 문제를 풀어야 하는데, 옆 반에서는 음악 수업을 해서 시끄럽다면? 운동장에서 왁자지껄한 아이들의 목소리가 들린다면? 아이는 그 소리를 극복하고 차분히 앉아서 수학 문제를 풀 수 있을까요?

더운 여름날, 아이가 점심시간에 운동장에서 땀을 뻘뻘 흘리고 놀다가 수업 시작종이 울려서 막 교실에 도착했습니다. 땀은 줄줄 흐르고, 급히 뛰어오느라 물을 마시지 못해 목은 마르고, 경기에서 져서 속상한 데다 제일 싫어하는 과목 수업이라면? 아이는 이런 상황에서 수업에 집중할 수 있을까요?

'불구하고' 해내는 아이 vs '때문에' 못하는 아이

우리 아이들은 날마다 소음, 더위나 추위, 작은 다툼처럼 수업을 방해하는 장애물을 만납니다. 그럼에도 불구하고 해야 할 일에 집중하거나, 방해 요소 때문에 집중하지 못하거나 둘 중 하나를 필연적으로 선택해야 합니다. 문제가 쉬우면 집중을 하지 못해도 그럭저럭 풀어냅니다. 그러나 학습 내용이 어려워지고, 복잡해질수록 과제를 해내려는 의지가 점점 더 중요해집니다.

아이뿐 아니라 어른도 악조건에서도 '불구하고' 해내는 사람이 있는가 하면, 좋지 않은 상황 '때문에' 포기하는 사람이 있습니다. '불구하고'와 '때문에'의 차이는 어디에서 오는 걸까요? 전문가들은 이 차이를 알기 위해 많은 연구를 했고, 그중 대표적인 연구가 '마시멜로실험'으로 알려진 미셸 교수팀의 실험입니다.

옥스퍼드대학교 출판부가 발행한 학술지에 컬럼비아대학교, 버클리대학교, 코넬대학교, 스탠퍼드대학교, 미시간대학교의 심리학과 교수가 함께 쓴 논문이 실렸습니다.[46] 참여한 대학교 이름만 들어도 내용이 궁금한 이 논문은 '의지력Willpower'에 관한 내용이었습니다. 이 논문에서는 흔히 '마시멜로실험'으로 알려진 연구를 포함한 만족지연능력에 관한 수많은 연구 결과를 인용하면서 정서가 인생 전반에 미치는 영향을 논증합니다. 마시멜로실험은 어떤 실험일까요?

1960년대 후반에서 1970년대 초반 사이에 월터 미셸Walter Mischel 교수팀은 스탠퍼드대학교 부설 유치원 네 살 아이들 653명을 대상으로 만족지연능력에 관한 실험을 했습니다. 실험 내용은 다음과 같습니다. 네 살 아이들은 한 명씩 책상과 의자가 있는 작은 방으로 들어가서 책상 위 접시에 가득 든 마시멜로, 쿠키, 프레즐 중에서 먹고 싶은 과자를 하나 고릅니다. 연구자는 책상 위에 아이가 고른 과자를 놓아두고 방을 나갑니다. 아이는 과자를 바로 먹을 수도 있지만, 먹지 않고 연구자가 다시 올 때까지 기다리면 과자를 하나 더 먹을 수 있습니다. 선택의 갈림길에서 30%의 아이들만이 평균 15분을 참고 기다려 과자를 한 개 더 먹었습니다. 나머지 70%의 아이들은 평균 3분을 참다가 눈앞에 있는 달콤한 과자 한 개만 먹고는 실험을 끝냈습니다.47

당시 스탠퍼드대학교 교수였던 미셸 교수는 세 딸에게 (마시멜로실험을 했던) 스탠퍼드 부설 유치원에 같이 다녔던 친구의 안부를 묻곤 했습니다. 그러다가 10여 년이 지나 딸과 대화를 나누면서 과자의 유혹을 참아냈던 아이들이 학업성적이 좋다는 사실을 알게 됐고, 실험에 참여한 학생들을 추적하기 시작했습니다. 실험 참여자 중 3분의 1과 연락이 닿았고, 고등학생이 된 학생의 성적과 생활을 조사했습니다. 그 결과 두 번째 마시멜로를 먹었던 학생들의 SAT_{Scholastic Aptitude Test}(미국수학능력 적성시험) 점수가 마시멜로를 먹었던 학생들의 점수보다 평균 210점이 높은 것으로 나타났습니다. 30대 후반이 되어서도 마시멜로를 먹지 않고 기다렸던 학생이 자존감, 사회성, 체중 유지와 약물 사용 등 건강과 생활 전반에서 더 나은 삶을 살고 있었습니다. 미셸 교수는 "마시멜로를 먹고 싶은 욕구를 잘 참은 사람은 TV 시청보다 SAT 공부를 선택하고, 은퇴 이후의 삶을 위해 저금도 더 많이 할 수 있습니다."라고 그 이유를 밝힙니다.

마시멜로실험은 아이들의 상황을 고려하지 않았다는 비판을 받기도 합니다. 그러나 공부는 의지와 감정에 의해 좌우된다는 의견이 지배적입니다. 미국 시사 주간지 『뉴요커The New Yorker』는 미셸 교수의 마시멜로실험과 그 결과를 다루면서 수십 년간 심리학자들은 성공을 예측하는 척도로 지능을 연구했지만, 지능은 결국 자기 통제의 산물이라고 알려줍니다.[48] 아무리 똑똑한 아이라도 재미없는 지능 측정 문제를 풀기 위해서는 마음과 생각을 조절해야 합니다. 자기 통제력은 욕구를 참는 능력일 뿐 아니라 생각하는 방법까지 조절하는 힘입니다. 마시멜로실험 이후로도 학습이 감정에 달려 있는지에 관한 연구는 계속되었습니다.

학습의 열쇠는
감정에 달려 있다

영국 센트럴 랭커셔대학교 심리학과 파멜라 퀄터Pamela Qualter 교수팀은 영국의 열한 살 초등학생 413명의 정서지능과 지능지수를 측정하고, 5년간 그들의 학업 결과 변화를 연구했습니다. 그 결과 지능지수가 같은 아이라도 정서지능이 높은 아이들의 성적이 더 높았습니다. 파멜라 퀄터 교수는 인지능력이 학업성취를 가장 잘 예견해주는 요소로 나타났지만, 학습 내용이 어려울수록 정서지능이 중요하다는 것을 강조했습니다.[49]

의대생 163명을 대상으로 한 연구는 파멜라 퀄터 교수의 주장을 뒷받침합니다. 말레이시아 푸트라의학대학교 분 호우 추Boon How Chew 교수팀은 의과대학생 163명(1학년 84명, 5학년 79명)을 대상으로 정서지능과 성적 간의 상관관계를 조사한 결과 정서지능은 학기별 성적뿐 아니라 최종 성적에도 매우 큰 영향을 준다고 밝혔습니다.[50]

에이미 덴트Amy Dent 박사는 미국 듀크대학교 심리신경과학과 박사학위 논문에서 자기 조절과 정서에 관한 논문 150건 이상을 분석했습니다. 그 결과 자기 조절 능력이 표준화된 시험 성적과 직접적으로 관련 있는 것을 발견했습니다.[51]

동서양, 학문의 난이도와 분야를 막론하고 학습의 성과를 좌우하는 열쇠는 지능보다는 정서에 있다는 것이 수많은 연구 결과의 공통점입니다. 왜 정서가 중요할까요?

많은 연구 결과는 공부를 잘하려면 자기 통제 능력, 정서 활용 능력, 정서 조절능력, 자존감, 자기효능감 등 마음의 힘이 있어야 한다는 사실을 뒷받침합니다. 왜 정서가 학습에 그토록 중요할까요? 서울대학교 교육학과 문용린 교수의 EBS 인터뷰에 그 답이 있습니다.

"성적과 지능지수는 큰 관계가 없습니다. 화가 나더라도, 하고 싶지 않더라도 문제에 집중하는 힘, 하고 싶은 일을 뒤로 미루고 내가 해야 할 일을 해내는 힘을 가진 아이가 학습뿐 아니라 다른 일에서도 성공할 확률이 높습니다. 결국 학습은 감정을 어떻게 관리하는지에 달린 것이죠."

학습 유튜브 채널을 운영하는 유명한 학습 전문가가 서울대학교 학생 수천 명에게 공부가 재미있는지 물어봤다고 합니다. 서울대 학생은 대부분 전교 1등을 놓쳐본 적이 없는 수재들이기에 "공부는 진짜 재미있어요." "공부는 쉬워요." "어려운 문제를 풀고 난 뒤 느끼는 성취감 때문에 자꾸 문제를 풀고 싶어요."라는 답을 기대했다고 합니다. 그러나 극소수를 제외하고는 공부가 재미있다고 한 학생은 별로 없었습니다. 더불어 공부를 잘하는 비결을 물어보니 "공부가 너무 어렵고 재미없어서 욕이 나올 때도 있어요. 그래도 견디고 그냥 하는 거예요."라고 답했답니다.

저도 20년 경력의 교사지만, 공부를 재미있게 가르치기가 참 어렵습니다. 공부는 어렵고 힘듭니다. 아이들도 학년이 높아질수록, 배우는 내용이 어려워질수록 즐겁게 공부하기는 더 힘들 겁니다. 재미가 없어도, 답을 찾기 힘들어도 포기하지 않고 집중하는 능력, 공부한 내용을 기억하는 능력은 지능이 아니라 정서와 관련이 있습니다. 뇌의 구조를 보면 그 이유를 알 수 있습니다. 인간의 기억을 관장하는 뇌의 기관은 해마입니다. 모든 기억을 일시적으로 저장하는 기억 저장소죠. 해마는 어디에 있을까요? 원시적인 충동을 억제하고, 이성적 판단을 관장하는 전두엽에 있을까요? 아닙니다. 해마는 '감정뇌'라고도 불리는 대뇌변연계에 위치합니다. 학습은 전두엽에서만 이루어지는 것이 아니라 대뇌변연계와 함께 이루어집니다. 감정과 인지가 상호작용을 할 때 뇌가 최상의 능력을 발휘합니다. 그래서 자신의 감정을 잘 조절할 줄 아는 아이가 공부도 잘하는 것입니다.[52]

감정을 이해하면 자신감이 생긴다

부모 교육 전문가이자 의사인 지승재 작가는 그의 책 『자기 조절력이 내 아이의 미래를 결정한다』에서 아이의 성공과 행복을 위해서는 자기 조절력이 필수 요건이라고 이야기합니다. 자기 조절력은 무슨 일이든 끝까지 해내는 힘이고, 성취감은 자존감과 독립심을 높이는 열쇠이기 때문입니다.

학업은 물론 건강과 생활 전반에 영향을 미치는 자기 조절력은 어떻게 키울 수 있을까요? EBS 다큐 프라임에서는 뉴욕 168 공립중학교와 한국의 한 초등학교 1학년 학생 35명을 대상으로 한 정서교육 프로그램의 결과를 보여주면서 그 답이 '내면의 감정 이해'에 있다고 알려줍니다.

뉴욕 168 공립중학교는 이민자와 빈민가 출신 학생이 많은 75구역에 있습니다. 가정환경이 불우한 학구의 특성상 성적은 말할 것도 없고, 출석률이 낮은 데다 학교폭력도 자주 일어났습니다. 수업 시간에는 말다툼을 하고, 시험을 보다가 시험지를 찢고 밖으로 나가는 학생이 부지기수였습니다. 이러한 문제를 해결하기 위해 뉴욕 168 공립중학교는 몇 년에 걸쳐 정서교육 프로그램을 병행하기 시작했습니다. 정서교육은 학생에게 감정을 이해하고 다루는 방법을 알려주는 데 초점을 두었습니다. 그 결과, 폭력성이 현저히 줄고, 성적이 다섯 배까지 오른 학생이 생겨났습니다. 뉴욕 168 공립중학교의 교장은 아이들의 학업과 더불어 학교생활 전반에 걸쳐 긍정적인 변화가 일어났다고 말합니다.

EBS 다큐 프라임 제작팀은 수원의 한 초등학교 1학년 35명을 대상으로 정서교육을 시작했습니다. 자신의 감정을 이해하고 표현하기에서 시작해 갈등 상황에서 감정 이해하기, 감정 조절하기, 친구의 마음 읽기, 친구의 마음을 이해하고 공감하기의 과정을 5주간 실시했습니다. 5주가 지난 이후 아이들과의 인터뷰를 보면, 자신의 감정과 다른 사람의 마음을 잘 이해하게 되었다고 말하는 학생들이 많았습니다.

자신의 감정을 이해하는 것이 어떻게 자기 조절력과 자존감으로 이어질까요? 심리학자와 교육 전문가들은 자신의 감정을 이해하고 조절할 수 있다는 확신이 바로 자신감의 시작이라고 답합니다. 수업 시간에 집중하지 못하거나 교우관계가 좋지 않은 아이들은 자신의 감정을 모르는 경우가 많습니다.

몇 년 전 4학년 담임을 할 때 만났던 준성(가명)이가 생각납니다. 한번은 수업 중에 준성이가 벌떡 일어나더니 가방에서 주섬주섬 선글라스 꺼내 쓰고는 교실 뒷문으로 가서 얼굴만 복도로 내놓고 벌러덩 누웠습니다. 교실 문을 닫으면 그대로 목이 문에 끼는 자세였습니다. 평소에도 감정을 주체하지 못해서 힘들어하는 아이라는 걸 알고 있었기에 저는 학생들에게 과제를 주고는 조용히 준성이에게 다가갔습니다. 제가 다가가자 "아아아, 아." 하고 이상한 소리를 내기 시작했습니다. 우선 안전을 위해 "준성아, 얼굴만 교실 안쪽으로 놓아줄 수 있겠어? 너무 위험해 보여. 교실 문을 닫기도 어렵고." 하고 부탁했습니다. 준성는 이상한 소리를 멈추더니 선글라스를 벗었습니다. "선생님이 준성이 말을 들어주고 싶은데, 지금 수업 시간이라 어려워. 이따가 수업 끝나고 쉬는 시간에 또 올게. 계속 이렇게 누워 있으면 친구들한테 밟힐 수도 있고, 방해도 되니까 앉아 있어줄래?" 하고는 수업을 이어갔습니다. 준성이는 수업이 끝날 때까지 교실 뒤편 그 자리에 앉아 있었습니다.

쉬는 시간에 청소도구함에 기대어 앉아 있는 준성이 옆에 앉았습니다. 그러고는 대화를 시작했습니다.

교사	앉아 있어달라는 선생님 부탁을 들어줘서 고마워. 그런데 선생님한테 하고 싶은 말 있어?
준성	몰라요.
교사	선글라스 쓰고 있다가 선생님이 가니까 벗었잖아. 뭔가 선생님이랑 눈을 맞추고 얘기하고 싶어서 그런 거 아냐?
준성	제가요?
교사	응. 그래서 선생님은 네가 하고 싶은 말이 있는 줄 알았거든.
준성	없어요.
교사	속상한 일 있었어?
준성	아뇨.
교사	수업이 지루했어?
준성	그런가?
교사	답답했어?
준성	왜요? 왜 그렇게 생각해요?
교사	네가 교실 문밖으로 고개만 내밀었잖아. 교실이 답답해서 그런 거 아냐?
준성	그런 거 같아요.
교사	수업이 지루하고, 교실이 답답했구나?
준성	맞아요. 그거예요.
교사	선생님이 수업을 더 재미있게 할걸 그랬네. 그렇지?

준성	사회는 지겨워요.
교사	아, 그랬구나! 그럼 그렇게 뒤로 나가서 누우니까 좀 덜 지겹고 덜 답답했어?
준성	아마도?
교사	선생님이 교실 안으로 머리를 넣으라고 했을 때 싫었겠네. 답답해서 고개를 내민 건데….
준성	네. 싫었어요.
교사	그런데도 선생님 말을 들어줘서 고마워. 그런데 앞으로 사회 시간마다 뒤에서 누워 있을 생각이야?
준성	모르겠어요.
교사	그렇게 교실 바닥에 누워 있으면 너도 위험하고, 친구에게 방해도 되고, 선생님도 마음이 쓰여서 수업이 잘 안 되거든. 선생님이 수업을 잘하려면 준성이의 도움이 필요해. 넌 평소에 지루하고 답답할 땐 어떻게 해?
준성	몰라요.
교사	답답할 때마다 누울 수는 없잖아? 어떻게 하면 답답한 마음이 풀릴까? 선생님은 물을 좀 마시거나, 잠깐 눈을 감고 10까지 세기도 하고, 즐거웠던 일을 상상하기도 하거든.
준성	음…. 그럼 저는 물을 좀 마셔볼게요.
교사	그래. 이제 수업 시간에 답답한 마음이 들면 물을 마셔봐. 그래도 해결이 안 되면 어떻게 할지 또 같이 생각해보자.

준성이는 저와 대화를 하기 전에는 자기가 왜 그런 행동을 했는지 몰랐습니다. 그런데 차분하게 이야기를 하면서 생각해보니 '나는 수업이 재미가 없고, 그러니까 교실이 답답하다고 느꼈구나.'라는 걸 깨달은 모양입니다. 문제 행동의 원인을 알고 나니, 해결 방법도 찾았습니다.

대화를 마치고, 준성이는 제자리로 돌아가 앉았습니다. 다행히 그 이후로는 수업 시간에 집중이 잘 안 되면 물을 마셨고, 식수대에 간다는 핑계를 대고 잠깐씩 나갔다 오면서 감정을 잘 추슬렀습니다. 한 번에 수업 태도가 좋아지지는 않았지만, 갑자기 교실 바닥에 벌러덩 드러눕지 않았습니다.

준성이는 이해할 수 없는 행동을 했던 수많은 학생 중 한 명에 불과합니다. 자기감정을 잘 모르고, 주체하지 못해서 충동적으로 하는 행동은 대부분 결과가 좋지 않습니다. 돌발 행동을 하는 아이는 교사나 부모님께 야단맞기 쉽고, 친구를 사귀기도 어렵습니다. 그러다 보니 자신의 마음을 잘 모르는 아이는 자존감이 낮아질 수밖에 없습니다. 준성이도 자존감이 낮았습니다. 제가 이름을 부르면 "아, 왜요?" 하고 신경질적으로 대답했는데, 그 이유를 물으니 "선생님께 혼날까 봐요."라고 답했습니다. 맞는 답을 쓰고도 제가 보거나 친구가 보려고 하면 정신없이 지우거나, 쳐다보지 말라며 소리를 질렀습니다. 자기가 쓴 답에 자신이 없었기 때문입니다. 그러니 교우관계도 문제가 많았습니다. 교사는 물론 친구들과 눈을 맞추기가 어려워서 모자를 자주 쓰고 왔습니다. 눈 맞추기가 더 힘들 때 쓰려고 선글라스를 가져오는 날도 있었습니다.

저는 준성이가 이상한 행동을 할 때마다 자신의 감정을 이해하도록 돕기 위해 대화를 했고, 부모님도 준성이의 마음을 읽기 위해 노력하셨습니다. 차츰 준성이가 변하는 모습이 보이기 시작했습니다. 준성이의 가장 눈에 띄는 변화는 자신감이었습니다. 모자를 푹 눌러쓰고 오는 날도, 선글라스를 쓰는 날도 줄어들었습니다. "잘난 척하지 마." "너 내 말 무시하냐?"며 친구에게 소리를 지르지도 않았습니다. 발표하겠다며 손을 들고, 자기 작품을 친구에게 보여주기도 했습니다. 감정을 나타내는 낱말을 사용해 기분을 표현했고, 수업 시간에 집중이 안 되면 물을 마시러 나갔다 오면서 자신의 감정을 조절했습니다.

자신의 감정을 이해하고, 조절할 수 있다는 확신이 바로 자신감의 시작입니다. 내 삶을 실타래처럼 얽힌 감정에서 나오는 충동적인 행동이 아닌, 내 의지대로 이끌어갈 수 있다는 자신감이 자존감으로 이어집니다. 나쁜 감정에 휩싸이지 않고, 이겨내는 방법을 아는 아이가 행복합니다. 행복한 아이가 몸도 마음도 건강합니다. 이것이 바로 학습에 앞서 자신의 감정을 이해하고 전환하는 힘, 정서를 챙겨야 하는 이유입니다.

10대 자녀와
마음 나누기

『하루 3줄 초등 글쓰기의 기적』은 내용도, 예도 주로 초등학교 저학년 이야기를 다루었기에 어린 자녀를 둔 부모님과 초등학교 1, 2학년 담임 선생님이 읽으실 거라고 예상했습니다. 그런데 책이 출간된 후 전국의 많은 초등학교 고학년 담임선생님, 심지어 중학교 선생님까지 학생들과 『아홉 살 마음 사전』으로 하루 3줄 글쓰기를 하고 싶다며 자세한 지도 방법을 문의하셨습니다. 『아홉 살 마음 사전』은 제목처럼 아홉 살 무렵 아이의 눈높이에 맞춘 내용인 데다 자신의 의견을 잘 말하는 초등학교 고학년 학생에게는 너무 쉬운 활동이 아닐지 걱정되었습니다.

"초등학교 고학년 이상이면 제법 조리 있게 말을 잘하잖아요. 감정 표현도 솔직하고요. 그런 아이들이 『아홉 살 마음 사전』을 보고 3줄 글쓰기를 하려고 할까요?" 저의 질문에 초등학교 고학년과 중학교 선생님이 한결같이 답하셨습니다.

"우리 반 학생이 자신의 감정을 나타내는 데 거침이 없는 건 맞습니다. 하지만 온갖 신조어와 욕에 노출되어 있어서 '헐' '대박' '개○○'와 같은 비속어와 욕설로 감정을 표현할 뿐, 진짜 자신의 마음을 이해하고 대하는 방법은 잘 몰라요."

자신의 감정을 거칠고 서툴게 쏟아내지만 정작 자기의 마음을 모르는 청소년과 매일 많은 시간을 보내는 선생님들의 말을 들으니, 잠시 잊고 있던 초등학교 6학년 교실의 풍경이 떠올랐습니다. 초등학교 6학년 담임선생님을 대신해 수업에 들어간 적이 있습니다. 처음엔 끊임없이 "선생님!"을 외치고 앞으로 뛰어나오는 1학년과는 달리, 체격이 크고, 학습과 독서 수준도 꽤 높고, 선생님이 하는 농담도 재치 있게 받아칠 줄 아는 6학년 아이들이 어른과 다름없다고 착각했습니다.

최근 10년 동안 초등학교 저학년 담임만 하다 보니 초등학교 고학년의 모습은 까맣게 잊고 있었는데, 쉬는 시간이 되자마자 '아, 그래. 이 모습이었지!' 하고 탄식이 나왔습니다. 친구와 놀다가 갑자기 비명을 지르면서 울음을 터뜨리고, 그러다가 갑자기 크게 웃으며 뛰어다니는 아이가 한둘이 아니었습니다. 야생에서 자유롭게 뛰어다니던 동물들을 종류별로 잡아다가(단세포동물부터 시작해 초식동물, 육식동물까지) 지금

막 가두어놓은 우리 한가운데 있는 느낌이었습니다. 아이들이 뛰어다니다가 다칠까 봐, 격한 감정에 금방이라도 창문 밖으로 뛰어내릴까 봐 "어, 어! 조심해." "위험해. 그러지 마." 하고 말리느라 쉬는 시간이 어떻게 지나갔는지 모르겠습니다. 수업을 시작하는 종이 울리자 하나둘 자리에 앉는 6학년 아이들에게 얼마나 감사했는지 모릅니다. "그렇게 넘나간 사람들처럼 뛰어다니고, 소리를 지르다가 수업 시작종에 맞춰 평화롭게 자리에 앉다니! 정말 고맙다."는 말이 절로 나왔습니다.

사춘기 아이들은
이상한 게 정상이다

최성애, 조벽 교수는 『청소년 감정코칭』한 장章의 제목을 '교사와 부모들이 모르는 청소년 뇌의 비밀'이라고 붙이고, "사춘기는 감정 기복이 심한 게 정상"이라고 역설합니다. 이성적 판단과 감정을 조절하는 전두엽은 여자는 스물네 살, 남자는 서른 살이 되어서야 완성됩니다. 초등학교 5~6학년, 늦어도 중학교 1~2학년에 전두엽이 대대적인 변화를 겪기 시작하고, 감정과 기억, 욕구를 담당하는 변연계가 예민해져서 식욕과 성욕이 커집니다. 감정 조절 물질인 세로토닌이 아동기나 성인기보다 40%나 적게 생성되어서 감정의 기복 또한 심합니다.[53]

사춘기에는 이성을 담당하는 전두엽이 커다란 변화를 겪기 때문에 엉망진창으로 흐트러져 있는 리모델링 공사판과 같다고 합니다. "사춘기 자녀와 대화하는 건 미션 임파서블이야. 내 배 속에 품고 있던 자식인가 싶어. 내 입에서 '너 집 나가!' 하는 말이 안 나오면 그나마 성공이라니까."라는 선배의 말이 생각났습니다. 사춘기에 접어든 아이는 전두엽이 제 기능을 못 하니 차분하게 이성적으로 생각하기가 어렵겠죠. 거기에 감정과 욕구를 관장하는 변연계가 예민해진다는 사실을 고려하면, 10대에 접어든 아이와는 감성적으로 의사소통을 해야 한다는 결론이 나옵니다. 그제야 "위험해, 하지 마!"라는 말보다 "자리에 앉아줘서 고마워."라는 말에 달라지던 6학년 아이들의 눈빛이 생각났습니다. 우리 아이들이 감정이 요동치는 사춘기를 잘 보낼 수 있게 도우려면, 아이의 마음을 읽고, 건강한 방법으로 표현하게 해야 합니다.

감정을 표현할 줄 아는 아이가 행복하다

정신과 의사 정우열은 그의 유튜브 채널에서 "모든 사람의 뇌에는 짐승이 산다. 이 짐승을 잘 다스리려면 인정하고 달래야 한다."라고 했습니다. 김영하 작가 또한 한 강연에서 "마음속 상처는 깊이 숨어 있는 감정이라 정확히 알지 못하고, 그래서 더 두려움을 느낀다."고 했습니다. 하지만 아무리 복잡한 심경이라도 글을 쓸 때는 '말이 되게' 써야 하므로 논리적인 과정을 거쳐야 합니다. 글을 쓰는 과정에서 마음속의 어두움과 공포를 양지로 끌어오고, 더 건강한 삶을 살 수 있게 되므로 글쓰기는 '자기 해방'이라며 강의를 끝맺었습니다.

『가디언The Guardian』에서는 캘리포니아대학교 심리학과 매튜 리버만Matthew Lieberman 교수의 연구 결과를 보도하는 기사의 제목을 "일기를 쓰면 행복해집니다Keeping a Diary Makes You Happier"[54]라고 붙였습니다. 매튜 리버만은 글로 감정을 표현하는 사람의 뇌를 스캔했습니다. 실험 참가자는 단지 20분간 자신의 마음을 표현하는 일기, 시, 노래 가사를 썼을 뿐인데, 감정의 강도를 조절하는 신경회로가 안정되는 것으로 나타났습니다. 이 기사를 쓴 과학 통신원은 "감정을 글로 쓰면 감정적 혼란을 극복하고 더 행복하다고 느낄 수 있다."라고 연구 결과를 요약했습니다.

자신의 마음을 표현하는 어휘를 익히고, 감정을 글로 쓰면서 정리하는 활동은 복잡다단하고 격한 감정을 만나게 될 10대 아이의 '자기 해방'을 위해 꼭 필요합니다. 갈 데 모르고 헤매는 야생동물 같은 감정을 잘 달래려면 자신의 감정을 온전히 이해하고, 쏟아내야 합니다. 그래야 마음도 몸도 건강하게 자라날 수 있습니다.

최성애, 조벽 교수는 사춘기 아이의 뇌는 20평짜리 집을 100평으로 늘리는 것과 같은 큰 공사를 하는 중이라 생각도, 감정 조절도 어렵다고 말합니다. 그래서 아이들이 자기 마음을 들여다보고 글을 쓸 수 있게 도와줄 사람이 필요합니다. 당장 감정이 격해서 앉아 있기도 버거워하는 아이에게 "글을 쓰자."고 하는 게 가능한지 의문이 들었습니다. 그래서 아이들이 어렸을 때 글쓰기보다 마음을 읽는 대화에 공을 들였듯, 10대 아이의 마음을 읽는 데 초점을 두기로 했습니다. 그리고 『아홉 살 마음 사전』처럼 감정을 주제로 대화할 수 있게 돕는 책을 찾기 시작했습니다. 그러다 『사춘기 준비 사전(박성우, 창비)』을 발견했습니다. 사춘기에 접어든 아이들과 하루 3줄 글쓰기를 하고 싶으니 도와달라고 연락하셨던 선생님들께 『사춘기 준비 사전』을 추천했습니다. 그러고는 저도 큰아이와 함께 책을 펼쳤습니다.

『사춘기 준비 사전』으로 마음 달래기

『사춘기 준비 사전』은 제목 그대로 사춘기에 접어드는 아이를 위한 『아홉 살 마음 사전』인 셈입니다. 우리 아이들과 마음을 읽는 하루 3줄 글쓰기를 시작했던 책이 『아홉 살 마음 사전』이라서 다음 책으로는 후속작인 이 책을 선택했습니다. 하지만 한 치의 망설임도 없이 『사춘기 준비 사전』을 선택한 가장 큰 이유는 책의 서문에 있는 "사춘기가 시작되면 무엇이든 억울할지도 모릅니다. 모든 게 귀찮아질지도 모릅니다."라는 작가의 말 때문입니다. 우리 아이가 열한 살이 되고 나서 입버릇처럼 하기 시작한 말이 "억울해." "귀찮아."입니다. 그런데 그 말이 책 첫머리에 그대로 실려 있으니 이 작가는 분명 우리 아이의 마음을 알고 있겠구나 하는 믿음이 생긴 거죠.

열 살이 넘은 아이와의 대화는 확실히 전과는 달랐습니다. 아이는 말을 하다 말고 갑자기 울컥할 때가 많았고 "스트레스를 받아서 머리가 삶아지는 느낌" "미치기 직전" "왜 나만…?"하며 감정을 토해내듯 쏟아냈습니다. "내가 잘못한 건 맞지만, 엄마가 그렇게 얘기하니까 억울해요."라는 말을 자주 해서 대화를 이어나가기가 난감했습니다. 자기가 잘못해놓고는 고치라고 말하면 억울하다고 울상을 짓는 큰아이가 미웠습니다. '잔소리를 듣기 싫으면 행동을 똑바로 하던가!'라는 말이 목구멍까지 차올랐습니다. 무슨 생각으로 사는지 도통 알 수가 없고, 방은 머릿속을 그대로 보여주는 듯 발 디딜 틈 없이 어질러져 있었습니다. 더러운 방을 자기 눈으로 보고 있으면서도 청소하라는 말이 듣기 싫다는 둥 아직 중학교도 안 간 녀석이 벌써부터 속을 썩이다니 앞이 캄캄했습니다.

그래도 "사춘기 아이들은 이상한 게 정상"이라는 최성애, 조벽 교수의 말을 되뇌며 '우리 아이는 사춘기가 일찍 왔으니 일찍 끝나겠지!' 하는 희망을 품었습니다. 목구멍까지 차오른 독기 어린 말을 가라앉히고, 어깨가 들썩일 정도로 씩씩대는 큰아이 옆에 앉아서 『사춘기 준비 사전』의 서문을 읽어주었습니다.

"너 예전엔 안 그러더니 요새 왜 그래?" "엄마 아빠야말로 저한테 왜 그러세요!"로 시작하는 책의 서문을 들으며 아이의 오르락내리락하던 어깨는 이내 잠잠해졌습니다. 덕분에 대화를 시작할 수 있었습니다.

엄마 ○○야, 자꾸 막 화가 나?

아이 네.

엄마 왜 화가 나는 것 같아?

아이 아, 몰라요.

엄마 엄마가 도와주고 싶어서 그래. 화가 나는 이유를 생각해봐.

아이 △△이(동생)는 왜 맨날 놀아요? 난 학원 숙제가 많아서 죽겠는데!

엄마 이런, △△이가 너 숙제할 때 방해했어?

아이 그건 아닌데, 나 혼자만 숙제하니까 짜증 나요!

엄마 엄마가 뭘 도와주었으면 좋겠어?

아이 △△이도 공부하라고 해요!

엄마 △△이는 숙제를 다 끝냈고, 너처럼 오래 앉아 있기가 어려운 나이야. △△이도 네 나이가 되면 너만큼 숙제가 많아질 거야.

아이 아, 진짜! 그럼 △△이는 놀게 놔둔다고요?

엄마 너 지금 뭔지 모르게 억울하지?

아이	네. 맞아요. 억울해요.
엄마	『사춘기 준비 사전』 목차에서 또 네 마음을 찾아봐.
아이	여기 있어요. '불공평해'.
엄마	○○이 혼자 숙제하려니 불공평하다고 느낄 수도 있겠네. 엄마도 혼자 청소하면 막 화가 나거든! 그럼 우리 '불공평해' 같이 찾아보자. (책 같이 읽고) 네가 좋아하는 〈뭉쳐야 찬다〉에서 뭉찬팀하고 전 축구 국가대표팀하고 경기했었잖아. 전 국가대표팀은 한 골에 1점, 뭉찬팀은 5점을 주었어. 불공평하지?
아이	아니요.
엄마	왜? 똑같이 한 골인데?
아이	에이, 축구 국가대표랑 비교하면 어떡해요. 똑같이 점수를 주는 게 더 이상하지.
엄마	아하, 그렇구나. 그럼 너보다 두 살 어린 △△이가 너랑 똑같이 숙제하는 건 안 이상하고?
아이	음….
엄마	△△이가 노는데 너는 숙제하려니까 집중이 안 되는 건 이해해. 그런데 2학년 아이한테 너랑 똑같이 앉아 있으라고 할 수는 없어. 너도 2학년 때는 숙제를 오래 하지 않았고 말이야. 어떻게 하면 억울하거나 불공평하다는 마음이 안 들 수 있을까?

아이 음…, 학원 숙제가 적었으면 좋겠어요.

엄마 알았어. 그럼 엄마가 학원 선생님께 숙제를 좀 적게 내달라고 부탁해볼까?

아이 안 될 수도 있어요.

엄마 그래. 선생님이 안 된다고 하실 수도 있지. 그래도 학원 숙제 때문에 ○○가 힘들어하는 거 보니까 엄마도 힘들거든.

아이 일단 이번 주는 제가 참아볼게요.

엄마 음, 그럼 숙제를 학원에 남아서 하고 올 수 있는지 엄마가 학원 선생님께 여쭤볼까?

아이 아뇨. 괜찮아요.

엄마 응. 알았어. 그럼 우선 숙제하고 있어 봐. 엄마가 △△이한테 형아 숙제할 동안 옆에서 책 읽을 수 있는지 물어볼게. 우리 주스 마실래?

아이 네!

다행히 아이는 짜증을 가라앉히고, 학원 숙제를 금방 끝내고는 『사춘기 준비 사전』을 읽기 시작했습니다. 이 책은 청소년이 느끼는 감정과 상황을 나타내는 어휘 64개를 '억울할지 몰라' '귀찮을지 몰라' '궁금할지 몰라' '방황할지 몰라' '외로울지 몰라' '너무 힘들지 몰라' '하지만 다를 수도 있어' '정말 좋을지도 몰라'의 장으로 나누어 소개합니다. 당황스러운 '초경', 아이돌만 생각나는 '집착', 학교와 학원만 오가는 '굴레'와 같이 사춘기 무렵 아이들이 공감할 만한 주제로 이루어져 있어 아이의 속마음을 좀 더 길어낼 수 있습니다.

아무리 좋은 음식도 배가 가득 찼을 때 먹으면 체하기 쉬운 것처럼, 글쓰기가 아무리 좋아도 할 일이 많아 버거워하는 아이에게 억지로 시키면 탈이 날 것 같았습니다. 그래서 아이가 감정 때문에 힘들어 보일 때 펼쳐놓고 대화의 문을 여는 데 주로 사용했습니다. 가정학습량이 많지 않은 아이들이라면 이 책으로 하루 3줄 글쓰기를 추천합니다.

『사춘기 준비 사전』으로 하루 3줄 글쓰기를 하는 방법

1 『사춘기 준비 사전』에 나오는 낱말을 하루에 하나씩 정해서 살펴봅니다. 책 순서대로 봐도 좋고, 아이의 현재 마음을 골라도 좋고, 아이가 직접 골라도 좋습니다.
2 낱말의 뜻을 국어사전에서 찾아서 읽고, 공책에 베껴 씁니다.
3 책에서 감정 단어를 설명한 예문 중 마음에 드는 문장을 하나 골라 옮겨 씁니다.
4 나는 언제 그런 마음이 드는지 생각해서 씁니다.
5 쓴 글을 보고 아이와 대화를 나눕니다.

아이와 대화를 나누다 보니 엄마인 저만큼이나 아이도 예전과는 다른 격한 감정에 당황하고 있다는 것을 알게 되었습니다. 학원 숙제도 점점 많아지고, 해야 할 공부의 양도 늘어나는데 짜증이 불쑥불쑥 올라와

9월 7일 월요일

☆ 날벼락: 몡 (1) 뜻밖에 당하는 불행한 사고나 큰일. (2) 아무 잘못도 없이 듣는 심한 꾸지람. (3) 맑은 날씨에 느닷없이 떨어지는 벼락.

"엄마, 왜 그래 진짜!"

내 휴대폰 비밀번호를 엄마가 알고 있을 때.

"학교 끝나고 남아."

으잉? 왜 남아야 하지? 숙제도 다 했고, 떠든 적도 없고, 그림을 그리고 있었는데…… 이유를 여쭈어 봤자

"잘못한 게 있으니까 남으라고 하겠지?"

하고 선생님이 말씀하실 게 뻔해서 그냥 얼른 청소하고 교실을 나갔다. 지금도 남아야 했던 이유를 모른다. 진짜 날벼락!

서 집중하기가 힘들다고 했습니다. 친구 사이에도 예전보다 훨씬 복잡미묘한 감정이 오가고 있었습니다. 아이와 대부분 시간을 보내는 또래 아이들도 잘 흥분하고, 충동적으로 행동합니다. 그러니 서로의 마음에 상처를 주고받기 쉽겠죠. 아이가 커갈수록 자신의 마음을 마음껏 말할 수 있는 감정의 안전 지대이자 쉼터가 필요한 이유가 여기에 있습니다.

아이의 마음 문을 여는 대화의 세 가지 원칙

"선생님이니까 아이를 붙잡고 그렇게 차분하게 대화를 나누시죠. 아휴, 저는 못 해요." 하는 분들을 많이 만납니다. 부끄럽게도 아들이 저에게 붙여준 별명은 '티라노'입니다. 제가 소리를 치면 육식공룡이 포효하는 것처럼 집이 울린다나요. 별명만 봐도 제가 어떤 엄마인지 감이 오죠? 아무리 마음을 다잡고 아이와 이야기해도, 자기 잘못은 생각하지도 않고 억지를 쓰는 걸 보면 무기력감을 느끼기도, 속이 울렁거릴 정도로 화가 나기도 합니다. 저도 아이에게 소리도 지르고, 엄마한테 그게 무슨 말버릇이냐며 윽박지르기도 하는 보통 엄마입니다. 교사로서도 학생이 도를 넘은 행동을 하면 곧잘 흥분하기도 합니다.

　부족한 엄마이자 교사지만, 다행히 우리 아이들, 우리 반 학생들은 자기 마음을 저에게 말하고 싶어 합니다. "엄마랑 얘기하면 재미나요." "선생님은 내 말을 잘 들어줘서 참 좋아요."라는 말을 자주 듣습니다. 성격이 급한 편인 데다 다혈질인 제가 그나마 아이들과 대화를 잘하는 비결은 세 가지입니다.

첫째, 아이가 미성숙해서 생기는 문제에 감정을 소모하지 않겠다고 결심하고 대화를 시작합니다. 아이와 이야기를 하기 전에 '얘는 ○○살 아이일 뿐이다.'를 되뇝니다. 여러분도 한 번쯤은 자녀나 학생을 혼내고 나서 온종일 우울했던 경험이 있을 거예요. 저도 우리 아이, 우리 반 학생에게 화를 내고 나면 기분이 정말 안 좋습니다.

하루는 '혼날 만한 행동을 한 애를 혼낸 것뿐인데 왜 이렇게 기분이 안 좋을까?' 곰곰이 생각했습니다. 그러다 제가 아이와 감정싸움을 했다는 것을 깨달았습니다. 아이를 제대로 판단하지 못하는 '어린아이'가 아니라 엄마(또는 교사)인 내 권위에 도전하는 '작은 사람'으로 보고 꺾으려고 했던 겁니다. 그 이후로 아이의 행동 때문에 열이 확 오르면, 말을 꺼내기 전에 '얘는 ○○살이다. 뇌가 대대적인 공사 중이라 자기가 무슨 일을 했는지도 모르는 아이일 뿐이다.'를 주문처럼 외웁니다. 그러고 나서 아이를 보면 앳된 얼굴부터 보입니다. 자기가 잘못했음에도 당당하고, 심지어 공격적인 눈빛과 표정으로 바라보는 학생이라도, 그냥 천지 분별 못 하는 '아이'로 보면 열이 좀 덜 납니다. 격앙되어 있던 아이도 감정은 인정하고 문제 행동만 말하면, 점점 차분해집니다. '난 네가 스스로 문제를 인지하고 해결할 때까지 기다릴 수 있어.' 하는 메시지를 전하는 데 집중합니다. 어른이 침착하게 말한다고 해서 아이가 감화를 받고 바로 좋아지지는 않습니다. 다만 내가 아이의 감정에 휘말리지 않았다는 사실이 엄마로서, 교사로서, 어른으로서의 자존감을 높여줍니다. 아이는 소리치고 윽박지르는 어른보다 여유 있고 차분한 어른을 권위 있는 존재로 받아들입니다.

둘째, 평소 엄마로서, 교사로서, 어른으로서 느끼는 감정을 아이들에게 솔직하게 말합니다. 기분이 좋지 않을 때, 아이가 "엄마/아빠, 무슨 일 있어요?"라고 물으면 "아무 일 없어." "몰라도 돼."라고 넘어간 적은 없나요? 아이들이 더는 묻지 않았겠지만, 정말 '아, 우리 부모님 기분은 괜찮구나.' 하고 안심했을까요? 아이들은 부모의 기분을 금방 알아챕니다. 아이에게 부정적인 감정, 약점을 보여주고 싶지 않다는 부모님도 있습니다. 하지만 저는 아이가 알면 안 되는 일이나 충격을 받을 수 있는 일을 제외하고는 어른이 먼저 감정을 솔직하게 말해야 한다고 생각합니다. 그래야 아이들도 좋은 감정뿐 아니라 말하기 부끄러운 감정도 진솔하게 표현할 수 있습니다. 놀이에 져서 약 오르고 화가 나서 눈물까지 나는데, 그 마음을 말하지 않고 괜히 친구에게 트집을 잡거나 다른 핑계를 만드는 학생이 많습니다. 몸이 아파도 약해 보이기 싫다는 이유로 참는 학생도 종종 만납니다. 자신의 약점을 스스로 인정해야 발전할 기회가 있습니다. 속상한 마음을 표현해야 다른 사람의 위로도 받을 수 있습니다.

셋째, 아이의 일을 사소하다고 생각하지 않습니다. 어른이 보기에는 한없이 작아 보이는 것이 아이에게는 세상 전부일 수 있습니다. 아이의 감정에 휘말려 같이 호들갑을 떨지는 않지만, 작은 일이라고 무시하지도 않습니다. 아이들은 딱지 하나로 울고 웃습니다. 머리핀에 붙어 있던 구슬 하나만 떨어져도 서럽게 울고, 수업에 집중하지 못합니다. 아이가 감정을 표현할 때 "뭐 그런 걸로…." 하며 말을 시작하면 아이의 마음은 닫힙니다. '내가 이렇게 느끼는 게 잘못된 거구나.' 하고 받아들여서 스스로의 감정을 존중하지 못합니다. 아이의 말을 귀 기울여 잘 듣고 "그런 일이 있었다니 정말 ○○했겠구나." 하고 감정을 읽어줍니다. 아이들의 일을 작은 일로 생각하지 않기로 한 건, 마흔이 넘은 제가 아직도 생생하게 기억하는 다섯 살 때의 일 때문입니다.

제가 다섯 살 때 하루에 용돈을 100원씩 받았습니다. 그 당시 우리 동네 구멍가게에서 파는 제일 비싼 아이스크림은 300원짜리 빵빠레였습니다. 한번은 빵빠레가 먹고 싶어서 3일 동안 용돈을 모았습니다. "오늘은 아이스크림 안 먹니?"라고 자꾸 물어보는 가게 아주머니의 유혹을 이틀 동안이나 물리치고 드디어 사흘째 되는 날! 가게 아이스크림 냉동고에서 모양이 하나도 흐트러지지 않은 빵빠레를 고르고 골라 얼른 300원을 내고는, 조심조심 녹을세라 잰걸음으로 집으로 돌아왔습니다. 이제 플라스틱 뚜껑을 잘 여는 일만 남았습니다. 꼬불꼬불한 모양이 그대로 살아 있는 빵빠레를 먹고 싶어서 조심조심 뚜껑을 열려고 할 때, 아빠가 방으로 들어오셔서 빵빠레 뚜껑을 열어주신다고 했습니다. 아무래도 아빠가 열면 플라스틱 뚜껑에 아이스크림이 닿아 망가질 것만 같았습니다. 내가 열겠다는데도 아빠가 도와주신다고 했습니다. "아빠, 뚜껑에 아이스크림 묻으면 절대 안 돼. 하나도 안 망가진 빵빠레 먹고 싶단 말이야." 하며 사흘 동안 기다려 손에 쥔 빵빠레를 걱정스럽게 아빠한테 건넸습니다. 아니나 다를까. 아빠는 무성의하게 뚜껑을 열었고, 아이스크림 한 모퉁이가 뚜껑에 닿아 뭉그러졌습니다. 빵빠레 한 번, 아빠 한 번 번갈아 보며 펑펑 울었습니다. "내가 연다고 했잖아! 왜 아빠가 연다고 해서 내 빵빠레를 망가뜨려?"하고 아빠에게 악을 썼습니다. 처음엔 우는 저를 달래던 아빠가, 나중에는 버릇없이 말한다며 제 종아리를 치셨습니다. 아빠는 "어차피 먹으면 금방 모양이 망가지고, 시간이 지나면 저절로 녹을 텐데, 그게 뭐 큰일이라고 아빠한테 예의 없이 대드냐."고 혼내셨습니다. 그 이후로 한동안은 아빠한테 제 속마음을 얘기하지 않았고, 빵빠레는 쳐다보지도 않았습니다. 지금도 바닐라 맛 아이스크림은 안 먹습니다. 아빠 눈엔 고작 아이스크림 하나 때문에 소리치며 우는 제가 참 이상해 보였을 겁니다. 하지만 다섯 살 아이에게 빵빠레는 그냥 아이스크림이 아니었습니다.

잊은 줄 알았던 빵빠레 사건은 제가 초등교사가 되고 학생들과 생활하면서, 두 아이의 엄마가 되면서 생생하게 되살아났습니다. 저에겐 아픈 기억이지만, 그 기억 덕분에 아이의 말을 귀 기울여 듣는 어른이 되었습니다. 아이의 딱지 하나, 구슬 하나, 말 한마디가 빵빠레와 같다고 생각하니, '뭘 저런 걸 가지고…'라는 마음이 들지 않았습니다. 어른의 눈으로 보면 한없이 작아 보이는 일도, 아이에겐 전부일 수 있습니다. 어쩌면 다섯 살 때의 빵빠레처럼 평생 기억에 남을 수도 있습니다. 아이의 말을 잘 듣고, 공감해주세요.

아이가 하는 말을 들어보면 참 어이없을 때가 많습니다. 하지만 평소에 자질구레한 이야기로 대화를 자주, 깊이 나누어야 중요한 일도 함께 머리를 맞대고 말할 수 있습니다. 사소한 일도 이해하지 못하고 "그런 일 갖고 뭘 그렇게…." 하는 말부터 꺼내는 부모에게는 진지한 고민을 말하기 어렵습니다. 아이가 남이 아닌 부모에게 달려와 쉼을 얻기를 바란다면, 평소 아이가 하는 쓸데없는 이야기부터 잘 들어주세요. 쓸데없는 이야기를 잘 들어주는 부모에게 중요한 이야기도 할 수 있습니다.

아무리 『사춘기 준비 사전』이 좋다고 해도, 아이의 감정이 고조되어 있을 때 책을 주면서 "이제 진상은 그만 부리고, 우리 대화하자."라는 식으로 시작하면 아이는 동굴 더 깊숙한 곳으로 도망갑니다. 평소 작은 대화부터 공을 들여서 신뢰를 쌓아야 아이가 어려운 일이 있을 때도 마음의 문을 열 수 있습니다. 부모를 '나의 작은 감정까지 존중하고, 내 못난 마음도 비난하지 않는 사람'으로 느끼는 아이는 가정에 뿌리를 단단히 내려 아무리 어려운 공부, 자신을 힘들게 하는 교우관계에도 쉽게 쓰러지지 않는, 튼튼한 나무 같은 아이로 자라날 겁니다.

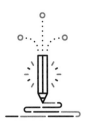

초등부터
평생 공부 습관 만들기

하루는 아이가 축구 학원에서 돌아오더니 선수반에 뽑혔다며 기뻐서 어쩔 줄 몰라 했습니다. 그런데 첫 선수반 수업을 받고 오자마자 지쳐 누웠습니다. 눈그늘도 잔뜩 내려왔습니다. TV에 나오는 축구선수처럼 슛과 현란한 드리블, 태클 방법을 배울 거라는 아이의 기대와는 달리 운동장을 열 바퀴나 돌고, 콘 사이를 왕복해서 뛰는 훈련만 받았다고 힘없이 말했습니다. 계속 선수반을 해야 할지 고민이 된다고도 했습니다. 아이는 선수반과 취미반의 차이가 기본기 훈련의 강도와 시간에 있다는 걸 몸소 체험한 겁니다.

운동은 누구나 할 수 있지만, 운동선수는 아무나 할 수 없습니다. 타고난 운동신경도 큰 몫을 차지하지만, 얼마나 집중력 있게 힘든 시간을 버텨내며 기초체력과 기본기를 다졌는지에 따라 실력에 차이가 납니다. 공부도 그렇습니다. 공부를 잘하려면 궁둥이를 의자에 붙이고 앉아 힘든 시간을 버텨내며 어려운 내용도 소화할 수 있는 공부의 기본기를 다지는 과정이 필요합니다. 공부의 기본기는 문해력과 습관입니다.

OECD 조사에 따르면 언어 4.5등급과 1등급은 연봉이 2.7배, 취업률이 2.2배, 그리고 건강마저도 2배가 차이 난다고 합니다.[55] 1년에 20권 정도를 읽는 사람과 책을 거의 읽지 않는 사람의 뇌의 활성화 정도를 검사한 결과 전전두엽 활성화 기능에서 커다란 차이를 보였습니다. 똑같은 책을 같은 시간 동안 읽어도 의미를 파악하는 인지적 능력에 있어 차이를 보입니다. OECD는 하버드대학교와 함께 팬데믹 시대의 학교교육에 관한 설문조사를 했습니다. 98개국 330명의 교육 전문가에게 교육의 중요한 역할이 무엇인지 물었고, 가장 많은 사람이 '자기주도학습 능력을 기르도록 지원하는 일'이라고 답했습니다.[56] 한국교육학술정보원, 서울특별시교육청 교육연구정보원,[57] 경기도교육연구원[58]의 설문 결과 학습 격차가 심화된 요인을 학생의 자기주도학습 능력의 차이로 보는 교사와 학부모가 절반 이상을 차지했습니다. 자기주도학습 능력과 문해력은 떼려야 뗄 수 없는 관계입니다. 스스로 공부하려면, 혼자 텍스트를 읽고 이해해야 하니까요.

건물 기초 공사는 긴요하지만, 성과가 눈에 확 들어오지 않아 지루해 보입니다. 처음엔 땅만 파니 도통 뭘 지으려고 하는지 알 수 없습니다. 건물의 규모가 클수록 깊고 넓고 단단하게 기반을 다져야 하기에 더 오래 걸립니다. 그러다 1층을 짓는가 싶으면 건물이 쭉쭉 올라갑니다. 초등학교 시기는 기반을 다지는 과정입니다. 터를 파면서 지반을 다지지 않으면 와르르 무너집니다. 공부 습관을 들이는 데도 시간이 걸리고, 조금이라도 소홀하면 잘 다져놨던 습관도 금세 흐트러집니다. 초등학교에서는 날마다 뭔가를 하는 거 같아도 점수가 적힌 성적표를 주지 않으니 잘하고 있는지 확신이 없습니다. 그래서 아이를 지켜보는 부모는 답답하고, 조바심을 내기가 쉽습니다. 그러나 초등학교 때 문해력과 공부 습관을 단단히 잡아놓은 아이는 무너지지 않는 학습 능력을 쌓아갑니다.

초3부터 달라지는 문해력 전쟁

초등학교에 오래 근무하다 보니 학부모의 걱정이 많아지고 조급한 마음을 갖는 시기가 비슷하다는 걸 발견했습니다. 자녀가 학교에 적응하고, 친구와 잘 어울리기만 하면 좋겠다고 생각했던 학부모도 아이가 3학년이 되면 슬슬 공부를 걱정하기 시작합니다. 초등학교 3학년부터 국어, 사회, 도덕, 수학, 과학, 체육, 음악, 미술, 영어 등 본격적인 교과 학습이 시작되기 때문입니다. 5학년이 되면 교과 내용이 어려워져서 집에서 공부를 봐주기 버겁다는 분들이 하나둘 생기고, 6학년이 되면 중학교 공부 걱정에 학원가를 찾아 다니는 부모님이 많아집니다. 2학년까지는 한글을 습득하고, 짧은 글의 내용을 이해하면 어려움 없이 학교 수업을 따라갈 수 있습니다. 그러나 3학년부터는 필요한 읽기 능력이 달라집니다. 독해력이 필요한 시기이면서 동시에 독해력을 향상시켜야 할 때입니다. 학습 내용이 점점 늘어나므로 좀 더 오랜 시간을 집중해서 공부하는 습관도 필요합니다. 공부해야 문해력이 발달하고, 문해력이 있어야 공부할 수 있으니 둘은 떼려고 해도 뗄 수 없는 관계입니다.

그래서 저는 학부모님이 어떻게 공부를 해야 하는지 질문할 때마다 "공부 습관에 답이 있어요. 책 읽기를 놓치지 마세요."라고 답할 수밖에 없습니다. 아직 제 자녀가 어리니 세상 물정을 몰라 그런 속 편한 말을 한다는 분도, 신통방통한 학원이나 과외 교사에 관한 정보를 듣지 못해 아쉬워하는 분도 있습니다. 각 과목의 공부 방법과 선행학습을 물었는데, 습관과 독서를 이야기하는 교사가 답답할 만도 합니다.

우리 집 아이들은 저와 남편이 꾸준히 봐주기 어려운 분야 몇 가지만 사교육을 시키고, 나머지 시간은 공부 습관을 들이고 문해력을 키우는 데 집중하고 있습니다. 초등학교 교사인 저도 때때로 '내가 아이를 잘 키우고 있나? 우리 아이는 ○○학원에 가면 몇 레벨일까? △△는 선행을 이만큼 하고 있던데, 엄마 고집 때문에 우리 아이가 뒤떨어지는 건 아닐까?' 하는 초조한 마음이 듭니다.

하지만 20년 가까이 많은 학생의 모습을 지켜보고, 졸업 후에 전해 오는 소식을 들으면서 공부의 가장 탄탄한 기초는 공부 습관과 문해력이라고 다시금 믿게 되었습니다. 교사와 부모가 아이의 공부를 위해 가장 신경 써야 할 부분은 글을 읽고 이해할 수 있는 능력과 습관을 키워주는 일이라고 결론 내렸습니다. 문해력은 나이를 먹는다고 저절로 길러지지 않습니다. 후천적으로 꾸준히 길러야 하는 능력입니다.

학습 습관은
꾸준함이 답이다

습관에 관한 700여 건의 연구를 분석하고 300여 명의 과학자와 경영가를 만나 인터뷰한 『습관의 힘』 저자 찰스 두히그Charles Duhigg는 모든 행동의 40%가 습관에 의해 결정된다고 말합니다. 습관은 뇌가 사용하는 에너지를 절약해 더 생산적인 일에 머리를 쓰게 합니다. 습관이 형성되면 '판단하지 않고, 뇌를 사용하지 않고' 저절로 몸이 움직여서 에너지를 적게 들이고도 행동할 수 있습니다.[59] 습관은 건강, 생산성, 행복에도 영향을 미칩니다.

강원국 작가는 한 강연에서 글을 쓰기까지 20일이 걸린 경험을 말하면서 습관을 만들기는 어렵지만, 습관이 된 일은 하기 쉽다고 했습니다. "우리는 문을 왼쪽으로 열까, 오른쪽으로 열까 고민하지 않는다. 아무 생각 없이 문을 열고 나간다. 습관이 된 일은 힘들이지 않고 자동으로 하게 된다. 나는 노트북을 켜고 안경을 닦으면 글을 쓰게 된다. 습관이 되어서 그렇다."

저 또한 한글도 잘 모르는 초등학교 1학년 아이들과 날마다 하루 3줄 글쓰기를 하면서 습관의 힘을 확인했습니다. 감정을 나타내는 어휘를 익혀서 쓰고, 한글 익히기에 좋은 짧은 문장을 베껴 쓰며 용감하게 하루 3줄 글쓰기를 시작했습니다. 그런데 첫날부터 난관에 부딪혔습니다. 40분이면 충분히 끝낼 거라고 예상했던 3줄 글쓰기가 2시간도 더 걸렸습니다. 한 명 한 명 봐주려니 제 목은 터질 것 같고, 여기저기서 글쓰기가 어렵다는 아이들이 튀어나왔습니다. 3줄 글쓰기가 괴로워서 학교에 안 오겠다는 아이가 있을까 봐 일부러 더 크게 칭찬하고, 보상으로 재미있는 활동을 하고 나니 온몸이 녹초가 되었습니다. 각오했던 것보다 훨씬 힘들었지만, 일단 시작했으니 일주일이라도 해보고 포기하기로 했습니다. 다음 날은 첫날보다는 나았습니다. 글쓰기를 못한다고 버티는 아이도, 쓸 말이 떠오르지 않아 내내 빈 공책만 보던 아이도 절반으로 줄었습니다. 세 번째 날은 더 쉬워졌습니다. 점점 글쓰기를 어려워하는 아이들이 줄었습니다. 5일째가 되자 안 쓰겠다고 버티는 아이는 딱 한 명만 남았습니다. 글을 못 쓰겠다고 연필만 들고 있던 아이도 7일째 되는 날에는 글을 쓰기 시작했습니다.

처음에는 두 시간이 걸리던 하루 3줄 글쓰기가 1학기 말에는 30분으로 줄었습니다. 학년말이 되자 모든 학생이 3줄 글쓰기를 10분 안에 마쳤습니다. 글쓰기 시간은 줄었지만, 글은 점점 빛났습니다. 어른은 상상하기 어려운, 아이의 마음이 담긴 귀한 글이 3줄 안에 고스란히 담겼습니다. 반 아이들에게 이렇게 잘하는 글쓰기를 처음엔 왜 그리 못 쓴다고 했냐고 물으니, "그러게요. 이제는 하나도 안 어려운데요!" 하며 씨익 웃습니다. 1학기부터 마음을 표현하는 낱말로 3줄 글쓰기를 습관처럼 한 아이들은 2학기 국어 교과서에 나오는 '마음을 나타내는 낱말로 글쓰기' 활동을 너무나 쉽게 해냈습니다. 습관은 어려운 일도 쉽게 해내게 만드는 힘이 있습니다.

습관에 관한 연구에 의하면 습관을 만드는 데 짧게는 21일, 길게는 66일이 걸립니다. 아이가 혼자 습관을 들이기는 어려우므로, 어른이 도와야 합니다. 20년간 학생들을 가르치고, 자녀를 키우면서도 습관을 들이는 쉬운 방법을 찾지 못했습니다. 꾸준히 함께하고, 지켜보고, 점검하고, 칭찬하고, 훈육하는 방법 외에는 습관을 만드는 방법이 없었습니다.

수많은 학습 전문가들은 입을 모아 초등학교 시기에는 학습 습관 형성이 최우선 과제라고 말합니다. 학습 습관이 중요한 건 알겠는데, 그 방법을 모르겠다는 학부모님을 많이 만났습니다. 자녀와 집에서 어떻게 공부하느냐는 질문에 선뜻 답하지 못했습니다. 우리 아이들은 아직 초등학생이고, 눈에 띄는 아이들도 아니라서 이런 학습 습관이 좋다고 자신 있게 말하기는 어렵습니다. 다만 일기를 쓰는 방법을 여러 번 설명하기보다 잘 쓴 일기를 보여주는 게 훨씬 효과적인 것처럼, 예시를 보여드리는 게 실질적인 도움이 될 것 같아 우리 집 공부 습관을 공개하려고 합니다. 부모의 가치관과 자녀의 특성을 고려한 집공부 습관이므로 공감하기 어려운 부분도 분명 있을 겁니다. 자녀의 공부 습관을 만드는 데 도움이 되기를, 적어도 반면교사로 삼을 만한 내용이라도 찾길 바라며 조심스럽게 우리 집 학습 습관 이야기를 풀어 보겠습니다.

집공부를 위한
습관 달력 만들기

우리 집 아이들은 일곱 살 여름방학부터 집공부 습관 만들기를 시작했습니다. 처음 한 주와 한 달이 습관을 만드는 데 중요하므로, 부모님이 날마다 확인할 여유가 있을 때 습관 만들기를 시작하는 걸 추천합니다. 습관 달력에 적힌 과제를 성실하게 해내면 마지막 날엔 보상을 받습니다. 습관 달력 마지막 날은 아이가 손꼽아 기다리는 보상의 날입니다. 장난감 가게에 가서 장난감을 사고, 평소엔 엄마 아빠가 허락하지 않는 동영상도 실컷 볼 수 있습니다. 비염 때문에 잘 사주지 않는 아이스크림과 과자를 쌓아두고 먹으며 실컷 동영상을 볼 수 있는 날이니 아이는

우리 집 아이들 학습 습관 달력

일	월	화	수	목	금	토
9/10 ⑨ 답답해 ⑩ 11권 ⊗ 대한민국 ⑧ 八	**9/11** ⑨ 당황스러워 ⑩ 12권 ⊗ 일본 ⑧ 九	**9/12 소풍** **<체육복>** ⑨ 두려워 ⑩ 13권 ⊗ 중국 ⑧ 구우일모	**9/13** ⑨ 따분해 ⑩ 14권 ⊗ 몽골 ⑧ 萬	**9/14** ⑨ 무거워 ⑩ 15권 ⊗ 러시아 ⑧ 年	**9/15 스냅** **<단정한 옷>** ⑨ 무서워 ⑩ 16권 ⊗ 타이 ⑧ 長	**9/16** ⑨ 미안해 ⑩ 17권 ⊗ 인도 ⑧ 外
9/17 ⑨ 미워 ⑩ 18권 ⊗ 이란 ⑧ 거북이와차돌이	**9/18** ⑨ 반가워 ⑩ 19권 ⊗ 그리스 ⑧ 20~21쪽	**9/19** **엄마 출장** ⑨ 벅차 ⑩ 110권 ⊗ 이탈리아 ⑧ 九	**9/20** ⑨ 보고 싶어 ⑩ 111권 ⊗ 에스파냐 ⑧ 先	**9/21** 아빠 회식 ⑨ 부끄러워 ⑩ 112권 ⊗ 독일 ⑧ 生	**9/22 소풍 <도시락, 체육복>** ⑨ 부담스러워 ⑩ 113권 ⊗ 노르웨이 ⑧ 六	**9/23** ⑨ 불쌍해 ⑩ 114권 ⊗ 프랑스 ⑧ 二
9/24 ⑨ 불안해 ⑩ 115권 ⊗ 영국 ⑧ 맹모삼천	**9/25** ⑨ 불쾌해 ⑩ 116권 ⊗ 미국 ⑧ 五	**9/26** ⑨ 불편해 ⑩ 117권 ⊗ 멕시코 ⑧ 軍	**9/27** ⑨ 불행해 ⑩ 118권 ⊗ 브라질 ⑧ 人	**9/28** ⑨ 뿌듯해 ⑩ 119권 ⊗ 오스트레일리아 ⑧ 民	**9/29 영유아검진 - 결과통보서제출** ⑨ 사랑해 ⑩ 120권 ⊗ 남아프리카공화국 ⑧ 七	**9/30** ⑨ 산뜻해 ⑩ 121권 ⊗ 케냐 ⑧ 절름발이 선비
10/1 ⑨ 상큼해 ⑩ 122권 ⊗ 이집트 ⑧ 절름발이 선비	**10/2** ⑨ 서러워 ⑩ 123권 ⑧ 46~47쪽	**10/3** ⑨ 설레 ⑩ 124권 ① 2권 ⑧ 靑	**10/4** ⑨ 속상해 ⑩ 125권 ① 3권 ⑧ 山	**10/5** ⑨ 슬퍼 ⑩ 126권 ① 4권 ⑧ 白	**10/6** ⑨ 신기해 ⑩ 127권 ① 5권 ⑧ 寸	**10/7** ⑨ 신나 ⑩ 128권 ① 6권 ⑧ 四
10/8 ⑨ 심술 나 ⑩ 129권 ① 7권 ⑧ 王	**10/9** ⑨ 쓸쓸해 ⑩ 130권 ① 8권 ⑧ 女	**10/10** ⑨ 아파 ⑩ 131권 ① 9권 ⑧ 門	**10/11** ⑨ 안쓰러워 ⑩ 132권 ① 10권 ⑧ 山	**10/12** ⑨ 안타까워 ⑩ 133권 ① 11권 ⑧ 66~67쪽	**10/13** **엄마 공개수업** ⑨ 야속해 ⑩ 134권 ① 12권 ⑧ 68~69쪽	**10/14** ⑨ 어이없어 ⑩ 135권 ① 13권 ⑧ 時
10/15 ⑨ 억울해 ⑩ 136권 ① 14권 ⑧ 工	**10/16** ⑨ 얼떨떨해 ⑩ 137권 ① 15권 ⑧ 夫	**10/17** ⑨ 예뻐 ⑩ 138권 ① 16권 ⑧ 平	**10/18** ⑨ 외로워 ⑩ 139권 ① 17권 ⑧ 10~11쪽	**10/19** ⑨ 용감해 ⑩ 140권 ① 18권 ⑧ 每	**10/20** ⑨ 우쑤워 ⑩ 141권 ① 19권 ⑧ 後	**10/21** ⑨ 울적해 ⑩ 142권 ① 20권 ⑧ 記
10/22 ⑨ 원망스러워 ⑩ 143권 ① 21권 ⑧ 活	**10/23** ⑨ 유쾌해 ⑩ 144권 ① 22권 ⑧ 歌	**10/24** ⑨ 자랑스러워 ⑩ 145권 ① 23권 ⑧ 보물상자	**10/25** ⑨ 정겨워 ⑩ 146권 ① 24권 ⑧ 20~21쪽	**10/26** ⑨ 조마조마해 ⑩ 147권 ① 1권 ⑧ 出	**10/27** ⑨ 좋아 ⑩ 148권 ① 2권 ⑧ 入	**10/28** **매일 체크했으면 장난감가게 가는 날!** ⑩ 49권 ① 3권 ⑧ 工

⑨ 아홉 살 마음 사전   ⑩ 명작동화   ⊗ 지리(9/10~10/1)   ① 영어   ⑧ 한자

습관 달력의 마지막 날을 기다리며 달력에 자기가 한 일을 표시합니다.

일곱 살 아이가 한 달을 기다리다 지칠 것 같아서 처음엔 습관 달력을 2주로 시작했습니다. 점점 한 주씩 늘려 나중엔 습관 달력이 7주가 되었습니다. 습관 달력에 적힌 과제를 성실히 하고 나면 자유 시간을 주었습니다. 아이가 원하는 놀이도 함께했습니다. 아이는 자기가 한 일을 달력에 표시하면서 성취감도 느끼고, 칭찬도 받고, 하고 싶은 놀이도 할 수 있으니 즐겁게 과제를 해냈습니다.

습관 달력을 계속 이어간 원동력은 '마음껏 노는 즐거움'이었습니다. 습관 달력의 마지막 날에도 큰 보상을 받지만, 아이는 날마다 즐거운 자유 시간으로 보상을 받기에 매일 정해진 학습량을 즐겁게 소화했습니다. 할 일을 다 마쳤다고 습관 달력에 표시하면, 부모가 그날의 과제를 확인하고 미흡한 부분은 아이와 다시 살펴봅니다. 과제를 모두 잘했다면, 흐드러지게 칭찬하고 "합격! 자유 시간!" 하고 크게 외쳐줍니다. 아이의 놀이 시간이 시작된 겁니다. 과제를 마치면 잠들기 전까지 무슨 놀이든 원하는 대로 할 수 있습니다. 과제를 마치기 전에도 놀 수는 있지만, 엄마 아빠가 같이 놀아주지는 않습니다. 그러나 과제를 확인받고 나서는 칭찬을 받으며 놉니다. 아이가 원하면 엄마 아빠가 보드게임도 해주고, 같이 카페 나들이도 갑니다. 주어진 과제를 성실히 해냈을 때의 성취감, 죄책감 없이 편안한 마음으로 노는 기쁨으로 우리 집 아이들의 습관을 만들었습니다.

아이와 함께 습관 달력에 표시하고, 확인하고, 보상하기를 1년간 지속했습니다. 1년이 지나니 더는 달력이 필요하지 않았습니다. 궁둥이를 붙이고 앉아 읽고 쓰는 게 익숙해졌습니다. 습관 달력 대신 일주일 동안 해야 할 일을 붙여 놓았습니다. 습관 달력 마지막 날에 주던 보상은 어휘 문제집 한 권 마친 날, 고사성어 사전 다 훑어본 날 등 책거리로 대신했습니다. 보상 방법도 게임 시간, 친구네 가족과 나들이 가기 등 아이와 상의해서 정했습니다.

아이가 크면 보상도 달라져야 합니다. 열 살이 넘은 아이에게 아이스크림과 동영상은 더는 가슴 뛰는 보상이 아닙니다. 월요일부터 금요일까지 과제를 꼼꼼하게 잘하면, 주말에 게임을 실컷 할 수 있습니다. 어른도 주말에 밀린 집안일을 하고 푹 쉬며 충전하듯, 아이들도 주말에는 정해진 과제를 하고 나면 원하는 만큼 게임을 하게 허락했습니다. 주말엔 숙제도 확 줄였습니다. 과제를 다 하지 않아도 놀 수는 있지만, 게임을 할 수는 없습니다. 게임을 하고 싶으면 과제를 다 끝내고 부모에게 확인을 받아야 합니다. 단, 50분 게임하면 10분 휴식 시간을 지켜야 합니다. 휴식 시간에 해야 할 일을 정하지는 않았지만, 눈 건강을 위해 50분마다 10분 동안 쉬자고 하니 아이들은 화분에 물 주기, 훌라후프 돌리기, 줄넘기, 블록 만들기 등을 합니다.

무엇보다 집공부 습관으로 자제력과 책임감, 성취감을 키울 수 있습니다. 듀크대학교 연구팀은 자제력이 건강과 경제력, 사회적 안전성까지 예견하는 요소라는 사실을 발견했습니다. 하기 싫어도 해야 할 일을 꾹 참고 해내는 경험, 일을 다 마치고 나서 맛보는 달콤한 휴식과 보상을 통한 성취감은 자제력과 책임감, 자존감으로 이어집니다. 이러한 인성 요소는 가족뿐 아니라 교우관계, 더 나아가 사회관계에도 긍정적인 영향을 줍니다.

집공부 습관의 목적은 ①가족과의 관계 ② 문해력 ③ 자기주도적 학습에 있습니다. 큰아이가 일곱 살 때부터 시작한 하루 3줄 글쓰기는 글쓰기 능력 향상에 목적을 두지 않았습니다. 『아홉 살 마음 사전』에 나온 마음을 나타내는 낱말을 살펴보며 감정을 이야기한 이유는 집공부의 첫 번째 목적인 '관계'에 있습니다. 아이가 자기 마음을 잘 알고 극복할 수 있게 돕고 싶었고, 부모와 감정에 관한 이야기를 나누는 일을 습관처럼 자연스럽게 받아들이기를 바랐습니다.

집공부의 두 번째 목적인 문해력 향상은 책 읽기, 하루에 한자 한 개씩 알기로 살금살금 시작했습니다. 처음부터 문해력을 높이겠다며 독해력 학습지를 들이밀지는 않았습니다. 한 권의 책을 깊이 읽는 방법은 하루 3줄 글쓰기로 체험했습니다. 매일 저녁 7시 30분부터 8시 30분은 엄마와 함께 책 읽는 시간이었습니다. 좋아하는 간식을 탁자에 놓고, 편한 자세로 읽었습니다. 책을 읽다가 지루해하면 제가 책을 읽어주기도 하고, 번갈아 가며 한 줄씩 읽기도 했습니다. 퀴즈 내기, 역할 놀이 등 다양한 방법으로 책 읽기를 이어갔습니다.

초등학교 저학년까지의 자기주도적 학습 능력은 문해력과 글쓰기, 책상 앞에 앉아 있는 습관이 전부라고 생각해 따로 공부 방법을 알려주지는 않았습니다. 다만, 초등학교 입학 후에는 교과서로 복습하고, 교과서 활동을 꼼꼼하게 잘했는지 확인하면서 수업의 중요성을 강조했습니다. 큰아이가 초등학교 3학년이 되면서 주요 과목 교과서를 2주에 한 번 정도 함께 훑어보고 중요한 내용을 말로 설명하도록 했습니다. 그리고 과목별 글쓰기로 복습을 마무리합니다. 아이가 교과서로 공부하고, 더 공부할 내용을 스스로 찾는 방법을 몸에 익히는 게 저의 자기주도학습의 목적입니다.

			월	화	수	목	금	토	일
집공부	**마음**		· 같이 밥 먹고 책 읽으면서 시시콜콜 잡다한 이야기하기 · 이야기하며 일기 쓰기(학교 숙제) - 주 1~2회 · 『사춘기 준비 사전』 읽고 대화 나누기 - 주 1~2회						
	문해력	**국어**	· 자유롭게 책 읽기(매일 1시간) + 고전 읽기(30분)					· 1시간 이상 책 읽기 + 고전 읽기 (50분)	
			· 『초등 독서평설』 읽고 요약하기					· 『독서 평설 더하기』(문제 풀이)	
			· 어린이 신문 훑어 읽기(방학 땐 신문 스크랩과 글쓰기)						
			· 어휘 문제집 풀기						
		영어	· 영어 흘려듣기 + 영어책 듣고, 따라 말하고, 읽고, 외워 쓰기						
	자기주도학습		· 국어, 수학, 사회, 과학 교과서 톺아보고 공책 정리하기 (단원 끝날 때마다, 1~2주에 1회) · 과목별 글쓰기						
학원			· 수학(주말 제외하고 매일), 영어(주 3회) · 독서/논술(주 1회), 예체능(주 2회) · 주산(주 2회), 바둑(주 1회)						

우리 집 아이들의 집공부 습관은 앞의 표와 같습니다. 초등학교 저학년 때와 달라진 건 고전 읽기, 『초등 독서평설』, 어린이 신문 읽기, 교과서 톺아보기입니다. 집공부의 목적은 크게 변하지 않았습니다. 마음을 나누는 대화로 아이와의 관계 튼튼히 만들기, 영어를 포함한 문해력 다지기, 자기주도적 학습 능력 배양하게 돕기입니다.

글쓰기 집공부에 더해
꼭 챙겨야 할 것들

"공부를 가르치다가 화가 나면 내 자식, 화가 나지 않으면 남의 자식."

친자를 구별하는 방법에 관한 우스갯소리입니다. 교사인 저도 내 아이를 가르치는 건 정말 어렵습니다. 제가 바빠서 아이의 공부를 봐줄 여력이 안 되니, 아이가 스스로 공부하길 바랐습니다. 극소수의 아이를 제외하면, 혼자 알아서 공부하는 아이가 몇이나 될까요. 그런데도 '문제집이라도 혼자 풀면 내가 덜 힘들 텐데…' 하는 욕심이 밀려와 힘들었습니다. 아이를 가르치면서 '이러다 내가 아이에게 엄마가 아니라 항상 화만 내는 선생님이 되겠구나. 아이와의 관계를 망치겠다.' 싶어 두려워졌습니다. 하루 3줄 글쓰기를 하며 쌓아온 아이와의 관계를 공부로 망치고 싶지 않았습니다. 학원의 도움이 필요한 시점이었습니다.

우리 아이들도 학원에 다니고 있습니다. 자녀를 학원에 보내는 초등학교 교사인 제가 '집공부'를 권하는 이유는 아이 교육의 중심을 잡는 데 집공부가 도움이 되기 때문입니다. 아이가 배움 없는 사교육으로 고통받지 않기 위해서도 집공부가 필요합니다. 아이의 현재 상태를 알면 이웃집 아이나 유명한 선생님 이야기에 끌려가지 않고 아이에게 집중할 수 있습니다.

아이를 학원에 보내기 전에 반드시 체크할 것

부모가 자녀의 학습 능력과 수준을 정확히 아는 방법은 직접 가르쳐보는 수밖에 없습니다. 집공부 준비물은 교과서만 있으면 됩니다. 현 학년의 교과서에 나온 기본 문제를 잘 푸는지 확인해 보세요. 학교에서 배운 내용에 관해 물어보세요. 교과서에 나온 문제도 못 푸는 아이에게 선행학습은 의미가 없습니다. 수업 시간에 배운 글쓰기를 스스로 쓸 수 있는지, 핵심 개념을 자기 말로 설명할 수 있는지 확인해야 합니다. 아이의 수준을 모르는 상태에서 무작정 들이붓는 사교육은 공부의 흥미는 물론 자신감마저 떨어뜨립니다. 우리 아이의 학습 상황을 정확히 알아야 학원의 상술이나 다른 아이의 사교육 소식에 휩쓸리지 않습니다.

주요 교과로 꼽는 국어, 영어, 수학, 사회, 과학만이라도 아이와 집공부를 해보세요. 집공부를 하다가 아이와의 관계를 망칠 것 같다면, 횟수와 시간을 줄이더라도 멈추지는 마세요. 아이가 학교와 학원에서 제대로 배우고 있는지를 확인하는 과정은 꼭 필요합니다. 날마다 확인하기는 어려우니 한 단원이 끝날 때마다, 혹은 학기가 끝나고 교과서를 버리기 전이라도 함께 교과서를 펼쳐주세요. 교과서를 보면 아이의 학습 상태뿐 아니라 수업 시간에 제대로 집중하는지도 알아볼 수 있습니다.

아이와 집공부를 하면 아이의 강점과 약점을 금방 파악할 수 있습니다. 강점을 키울 방법과 약점을 보완할 방법을 고민하고, 아이의 의견도 들어주세요. 집공부를 하면서 선생님이 아닌 부모로서 아이의 상황을 따뜻한 눈으로 살피고, 학교생활에 관해 자녀와 마음을 터놓고 이야기를 나눌 기회도 잡을 수 있습니다.

예체능은 사춘기를 슬기롭게 극복하게 돕는다

우리 아이들은 6년째 방문 미술 수업을 꾸준히 받고 있습니다. 축구도

5년째 배우고 있습니다. 악기는 배우기 싫다고 해서 음악학원에 다니지는 않지만, 음악을 즐겨 듣습니다. 큰아이는 자기가 좋아하는 팝송을 여러 가지 버전으로 편곡한 동영상을 즐겨 봅니다. 공부할 때 듣기 좋은 음악과 게임할 때 들으면 기분 좋은 음악을 골라 듣습니다. 지금도 글을 쓰는 제 앞에서 "엄마, 이 곡 어때요? 이건요?" 하면서 이런저런 음악을 들려주고 있습니다.

아이가 그만두겠다고 할 때까지 예체능은 계속 배우게 할 예정입니다. 큰아이가 유치원 때 자기만 사람을 못 그린다고 울어서 방문 미술을 시작했습니다. 다행히 좋은 선생님을 만나서 6년째 수업을 하고 있습니다. 아이가 미술을 배우기 전까지 미술은 그림 그리는 게 전부라고 생각했는데, 미술은 모든 학문을 아우릅니다. 글도 자세히 관찰하고 써야 생생하게 쓸 수 있듯이, 그림을 그릴 때도 자세히 관찰하지 않으면 틀린 그림을 그리게 됩니다. 수학 시간에나 배울 법한 도형의 성질을 미술 시간에 더 자세히 배웁니다. 과학 시간에 배우는 생물의 생김새를 미술 시간에 더 세밀하게 관찰하고 그립니다. 책 내용을 컷 만화로 그리면서 중요한 장면을 선정하고 간추리는 방법을 배우고, 포스터와 초대장을 만들면서 행사를 기획하고 새로운 글쓰기를 경험했습니다.

특히 초등학교 저학년 때는 미술 활동이 소근육 발달에 도움이 되고, 그림을 잘 그리는 아이들이 인기가 많습니다. 그림을 제대로 그리려면 구상하고, 스케치하고, 색을 칠하는 전 과정을 성실히 해야 합니다. 우열이 아닌 완성을 목표로 미술을 지도한 덕에 미술 작품을 하나하나

완성할 때마다 아이는 성취감을 느꼈고, 작은 성취감이 모여 자신감으로 이어졌습니다.

세계보건기구WHO가 2019년에 전 세계 146개국 11~17세 청소년 약 160만 명을 대상으로 운동 상태를 조사한 결과를 발표했습니다. 보고서에 따르면 전 세계 청소년의 80% 이상(남자 78%, 여자 85%)이 하루에 한 시간도 운동을 하지 않는 것으로 나타났습니다. 다섯 명 중 네 명이 운동 부족인 셈이었는데, 운동 부족이 가장 심각한 나라는 바로 우리나라(약 94.2%)였습니다. 지금은 코로나19 때문에 이 비율이 더 높아졌겠죠. 운동 부족은 비만과 건강뿐 아니라 학습과 감정에도 영향을 미칩니다.

2014년 8월, 『신경과학학술지Frontiers in Human Neuroscience』에 신체활동이 아이의 두뇌 활동과 학습 능력에 중요한 영향을 미친다는 것을 입증한 최초의 연구가 실렸습니다. 연구팀은 9~10세 어린이를 대상으로 뇌의 백질과 신체운동의 연관성을 연구했고, 운동을 한 아이는 그렇지 않은 아이보다 '백질'이 더 많은 것으로 나타났습니다. 백질은 회백질 사이를 연결하는 신경섬유로 정보를 전달하는 역할을 합니다. 백질이 많다는 것은 주의 집중력과 기억력, 두뇌조직 간 연결성이 좋다는 것을 의미합니다.[60]

운동은 상담과 약물치료만큼 우울감을 해소하는 데 효과가 있다는 연구가 많습니다. 전두엽에 혈류가 공급되기 때문에 부정적인 감정을 처리해 주는 기능도 활성화됩니다. 운동을 하면 자신감이 생기고, 뇌 유래 신경성장인자 같은 좋은 호르몬과 신경전달물질들이 만들어집니다.[61] 운동을 하면서 자연스럽게 의사소통하고, 친밀한 관계를 만드는 가족이 주변에 많습니다. 아이의 성향에 맞는 운동을 꾸준히, 가능하면 함께하세요. 신체와 두뇌 건강과 정서 건강에 도움이 됩니다.

제가 아이들과 못하고 있는 것이 악기 연주입니다. 아이들이 악기 배우기를 완강하게 거부해서 악보 보는 방법과 피아노 연주 기초만 집에서 알려주고, 생활 속에서 음악을 즐길 수 있게만 돕고 있습니다. 아기 때부터 동요, 클래식, 국악, 다른 나라 민요 등 음악을 다양하게 들려주었는데, 그 덕인지 음악 감상은 좋아합니다. 요새는 〈Believer〉라는 팝송과 비발디의 〈사계〉에 빠져 있는데, 〈Believer〉를 들으면 가슴이 웅장하고 비장해져서 게임을 할 때 자신감이 생기고, 비발디의 〈사계〉 중 봄을 들으면 마음이 몽글몽글해져서 기분이 좋아진다나요. 음악에는 학업 스트레스와 우울증을 완화해주는 힘이 있습니다.[62] 음악이 자신의 삶을 풍성하게 해주고, 기분을 달래주고 효율을 높인다는 것을 아이가 알고 있는 것만으로도 다행이라고 생각합니다. 아이가 연주하고 싶은 악기를 찾았으면 좋겠다는 희망의 끈은 계속 놓지 않고 이것저것 추천해볼 생각입니다.

우리 아이들은 초등학교 1학년부터 바둑을 꾸준히 배우고 있습니다. 아이가 다니는 학교의 방과후학교에 바둑 수업이 있길래 가볍게 한 번 배워보라고 권했는데, 존경스러운 선생님을 만나 지금까지 배우고 있습니다. 아이에게 바둑이 뭐가 좋으냐고 물으니, 망설임 없이 "재미있다."고 말하고는 "집중력이 좋아져요. 집중을 안 하면 100% 지거든요."라고 말했습니다. 이미 수많은 연구를 통해 바둑이 뇌의 활성도, 문제해결력, 암기력, 집중력, 판단력, 정서 안정 등에 긍정적인 영향을 미친다고 알려져 있으므로 여기서 더 설명하지는 않겠습니다.[63] 다만 제가 체감한 바둑의 가장 큰 매력은 승패를 대하는 올바른 태도를 배울 수 있다는 점이었습니다. 인생에서 항상 이기고 성공할 수만은 없습니다. 성공하는 것보다 실패를 어떻게 딛고 이겨내느냐가 더 중요합니다. 바둑에서 졌다며 눈물을 찔끔 흘리며 복기復棋하는 날엔 오히려 저는 아이가 현명하게 지는 방법을 배우고 있다는 생각에 더 기쁘게 아이를 응원하고 칭찬합니다. 복기, 즉 자기가 둔 수를 떠올리며 다시 두는 과정은 패배감을 오롯이 또 느껴야 하기에 힘들지만, 다시 지지 않으려면 꼭 거쳐야 하는 과정임을 아이가 깨닫습니다. 이길 때의 쾌감과 질 때의 아픔을 느껴 겸손한 승자, 자신감 있는 패자가 되는 인생 공부를 바둑을 비롯한 스포츠로 생생하게 배울 수 있습니다. 우리 아이들의 바둑 선생님의 말씀대로 바둑판 안에 인생이, 바둑 용어 안에 삶의 지혜가 담겨 있습니다. 우리 아이가 야무지거나 신중한 아이가 아닌데도 상대방을 공격하기 전에 먼저 나를 살피고 돌아보라는 의미의 바둑 용어 '공피고아攻彼顧我'를 되뇌며 섣불리 행동하지 않으려고 노력한 적이 있

바둑의 용어를 빗댄 글쓰기

한 번은 줄넘기를 할 때 나보고 못한다고 놀렸다. 나는 20개를 넘었는데 ○○는 5개 밖에 못했으면서 놀리다니 어이 없다.

○○○는 바둑을 배워야 좋은 아이로 바뀔 것 같다 내가 알려주고 싶은 바둑의 위기십결 제3항은 '공피고아'이다 상대방을 공격하기 전에 자기 약점을 먼저 돌아보라는 뜻이다.

다는 사실만으로도 저는 바둑의 가치를 피부로 느낍니다.

다양한 경험이 아이의 성장에 도움이 된다며 억지로 예체능을 시키는 부모님이 있다면, 말리고 싶습니다. '그동안 이만큼 했는데…' 혹은

'조금만 더 하면…' 하는 생각으로 억지로 끌고 가는 건 득보다 실이 많습니다. 그 시간에 책을 한 권 더 읽는 게 낫습니다. 초등학교 고학년이 되면 예체능은, 특히 예체능 사교육은 아이가 원하는 것만 남겨두고 정리해도 좋습니다. 반대로 예체능 수업을 시키고 싶은데 알맞은 교육기관을 찾지 못했다면, 혹은 고학년이 되어 예체능까지 배울 여유가 없다면 유튜브 채널이나 스마트폰 어플을 활용하는 것도 좋습니다. 제가 도움을 받은 콘텐츠는 아이앤드로잉(초등 미술 유튜브 채널), 피아노(피아노 연주 스마트폰 앱), 클래스핏(초등 홈트 유튜브 채널)입니다.

예체능은 몸과 마음의 건강에 도움을 줍니다. 특히 사춘기를 앞둔 아이에게 예체능은 더욱 필요해 보입니다. 아이 자신도 이유 없이 짜증이 나서 당황스러울 때가 있습니다. 그럴 때, 좋아하는 음악을 들으며 침대에 누워 있으면 기분이 나아진다고 하는 걸 보면 우리 아이도 곧 사춘기가 찾아올 것 같습니다. 사춘기의 울렁이는 감정을 건강하게 이겨낼 방법이 어쩌면 예체능에 있는지도 모르겠습니다.

중학교 선행학습보다 초등학교 공부를 탄탄하게

'중학교 공부량으로 대학 간다.'는 말을 들어보셨나요? 학습 방법이 옳다는 전제하에 절대적인 학습량이 받쳐줘야 고등학교 때 좋은 성적이 나옵니다. 그런데 중학교 때 학습량을 확보하려면 초등학교 때 학습 습관과 기초학력을 충분히 다져야 합니다.

자녀가 초등학교 5학년이 되면 부모님은 아이를 '예비 중학생'으로 여깁니다. 4학년 겨울방학부터 마음이 급해지고 5~6학년이 되면 학원 설명회에 다닙니다. 저도 아이를 대형학원에 데리고 가서 레벨테스트도 보고, 결과에 일희일비하는 보통엄마입니다. 다만 제가 중심을 잡고 집공부를 이어가는 힘은 '자기주도학습의 기본인 문해력'이라는 목표를 잊지 않는 데 더해 고등학교 근무 경험이 있는 중등교사인 동생의 말 덕분입니다.

"언니가 애들이랑 책이랑 교과서 읽고 요약하는 거, 중고등학교 애들도 시키고 싶어. 교과서로 공부 못 하는 학생이 정말 많아. 수행평가 비중이 그렇게 큰데도 글 써오는 거 보면 너무 엉망이라서 한숨이 나와. 초등학교 때부터 이렇게 공부하고 글을 써야 중고등학교 때도 혼자 공부하고 수행평가도 제대로 할 수 있지."

초등학교 때부터 교과서를 중심으로 공부하는 습관을 들여야 중고등학교에 진학해서도 교과서를 읽습니다. 중고등학교 수행평가에 글쓰기는 빠지지 않습니다. 초등학교 교육과정에 있는 내용을 다 이해해야 중학교 교과서를 제대로 읽을 수 있습니다. 그나마 여유가 있는 초등학교 때 글쓰기를 많이 해야 고등학교 수행평가에 당황하지 않습니다.

초등학교 고학년 때 사춘기가 와서 공부하기 싫다고 투덜대는 학생도 "초등학교에서 배운 건 알아야 중학교 올라가서 덜 창피하지 않겠냐?"는 질문에는 고개를 끄덕입니다. 앞에서 반복해서 말한 내용을 또 한 번 말해야겠습니다. 아이의 교과서를 펴서 해당 학년의 교육과정을 제대로 소화하는지 확인해주세요. 수학 교과서와 수학익힘책도 못 푸는 아이는 선행이 아니라 현행을 다져야 합니다. 사회와 과학은 문제집을 풀면서 개념을 짚고 넘어가고, 국어는 아이가 국어 교과서에 나온 지문을 제대로 이해했는지, 국어 교과서에 제시된 글(일기, 편지, 독서 감상문, 설명하는 글, 주장하는 글 등)을 쓸 수 있는지 점검해주세요.

저도 우리 반 학생들의 교과서를 검사하고 부족한 부분을 지도하려고 노력하지만, 1년 이상 누적된 학습 결손은 일과 중에 따라잡을 수 없습니다. 혹시 학교에서 자녀가 기초학습지도 대상이라는 가정통신문을 받으셨더라도, 부끄러워하지 마세요. 부족한 학습을 채울 절호의 기회입니다. 이제 하면 됩니다. 초등학교 때 부족한 부분을 찾은 게 고등학교 때 찾은 것보다 백배 천배 낫습니다. 우리 어렸을 때 있었던 '나머지 공부'의 나쁜 기억 때문인지, 학교에서 무료로 보충학습을 해주겠다는 가정통신문에 필요 없다고 회신하는 학부모님이 대부분입니다. 그런 부모님 중에는 레벨이 낮은 반에 보내면 아이가 기죽는다며 학원도 안 보내는 분이 많습니다. 자녀가 공부 못하는 아이로 낙인찍힐까 봐 걱정하는 부모님 마음은 이해합니다. 학교 보충학습을 시키기도, 아이 수준에 맞는 사교육 기관에도 보내기 싫으시다면 집에서라도 가르쳐주세요. 알아듣지도 못하는 수업을 듣는 아이가 얼마나 고통스러울지, 친구들은 척척 잘 푸는데 자기만 못 풀어서 이리저리 눈알을 굴리는 아이의 심정은 어떨지 헤아려주세요. 아이 기죽이기 싫어서 보충학습을 안 보내신다면서 수업 시간마다 무너지는 아이의 자존감은 간과하는 게 안타깝습니다. 한시라도 빨리 부족한 학습을 채우는 게 기초학력을 위해서도, 아이의 자존감을 위해서도 현명한 결정입니다.

　기초학습지도 대상으로 정해지지 않았더라도 담임이 "○○는 무슨 과목이 부족해요."라고 말할 땐 아이의 학력이 심각하게 낮다는 뜻입니다. 100번 망설이다가 어렵게 말을 꺼냈을 확률이 높습니다. 교사로서는 학생이 공부를 잘하든 못하든, 생활 습관이 엉망이든 아니든 무사히 1년을 보내고 올려보내는 게 훨씬 편합니다. 아이의 부족한 면을 부모님께 말씀드렸더니 "선생님은 우리 아이를 미워한다. 우리 아이를 제대로 알지도 못하고 평가한다."고 여기고, 온갖 민원을 넣는 학부모님을 봤습니다. 결국 소송으로 이어져 명예퇴직하는 선생님들을 무기력하게 지켜본 적도 있습니다. 어느 조직에나 이상한 사람이 있듯, 교사 중에서도 아이들에게 "선생님"이라는 말을 들을 자격이 있는지 의문이 드는 사람도 있습니다. 그러나 제가 만난 교사의 99.9%는 학생을 위해 최선을 다하는 분들이었습니다. 담임이 아이의 학력이나 교우관계를 염려한다면 우선 교사의 말을 신뢰하고, '진짜 내 아이가 그런가?' 하고 객관적으로 자녀를 보셨으면 좋겠습니다.

아이의 친구 관계가
걱정될 때

교우관계는 공부와도 밀접한 관계가 있습니다. 교우관계가 아이의 학교생활 만족도를 좌우하는 경우가 많아서 그렇습니다. 특히 초등학교 고학년과 중학교 시기의 아이들은 친구를 세상 전부처럼 느낍니다. 단짝 친구가 없거나 무리에 속하지 못하면 소외감을 느낍니다. 무리에 속하고 싶어서 자기가 하고 싶지 않거나 옳지 않다고 여기는 일을 억지로 하기도 합니다. 그런데 친구들과 잘 어울리면서도 중심을 잘 잡는 멋진 아이들이 있습니다. 이런 아이들은 대개 부모님과의 관계가 좋습니다.

『아이의 손을 놓지 마라』를 쓴 아동 발달 권위자이자 심리학자 고든 뉴펠드Gordon Neufeld는 "또래 애착은 결핍에서 생겨난다."고 말합니다.[64] 오리가 부화할 때 어미 오리가 옆에 없으면, 가장 가까이에서 움직이는 물체와 애착을 형성하듯이 부모와 애착이 형성되지 않으면 또래 관계에 집착하는 '또래지향성Peer Orientation'을 갖게 된다고 합니다. 부모의 애정을 충분히 받지 못한 아이는 무력감을 견디지 못해 가장 많은 시간을 보내는 또래에게 무분별한 애착을 갖기 때문에 위험하다고 경고합니다.

어릴 때처럼 놀이터에 따라 나갈 수도 없고, 섣불리 개입하면 상황이 악화되니, 초등학교 고학년 이후의 친구 관계에서 부모가 할 수 있는 일이 많지 않습니다. 아이가 자기에게 무례하게 구는 친구에게까지 인정받고 싶어서 바보 같은 짓을 하지 않도록 마음의 힘을 길러주는 일이 최선입니다. 또래에게 휘둘리지 않는 힘은 가족과의 애착에 있습니다.

고든 뉴펠드는 부모와 아이의 친밀감에 공을 들이라고 말하면서 '틀'을 강조합니다. 가족과 함께하는 식사, 산책, 책 읽기 등 관계를 유지하는 틀로 자녀를 품 안으로 모으라고 조언합니다. 어떤 틀이든 그 중심에는 아이의 말에 귀 기울이는 부모가 있습니다. 아이가 쓸데없는 이야기를 해도 일단 듣고, 아이의 마음에 공감하고, 편을 들어주세요. 아이는 이미 자기가 잘못한 걸 누구보다 잘 알고 있습니다. 부모님이 콕 집어 상처를 후벼팔 필요가 없습니다. 아이에게는 무엇보다 위로와 공감이 필요합니다. 아이의 마음을 다독인 후에 잘못된 행동을 친절하면서도 단호하게 바로잡아 주세요.

우리 아이도 친구 때문에 울고 오는 날이 많았습니다. 그럴 때마다 "너는 왜 바보같이 당하고만 와!" 하는 말이 나올 뻔한 걸 참았습니다. "엄마한테 말해줘서 고마워. 정말 속상했겠다. 걔 진짜 나빴네!" 하고 편을 들어주었습니다. 그러고는 이 말을 반복해서 해줍니다.

"너를 계속 힘들게 하는 친구는 친구가 아니야. 그냥 같은 공간을 쓰는 사람일 뿐이야. 거리를 두고 적당히 예의를 지키며 지내는 방법도 학교에서 배우는 중요한 공부라고 생각하렴. 너를 잘 알지도 못하는 사람의 판단은 무가치하단다. 누가 뭐래도 넌 아빠 엄마에게 가장 소중한 존재야."

교우관계를 지나치게 강조하지 마세요. "넌 어째 친구도 없냐."며 아이를 밖으로 내몰지 마세요. 아이에게 중요한 사람이 되려면 친구보다 아이의 말을 잘 듣고 공감해주는 방법밖에 없습니다. 아이에게 가장 중요한 사람은 친구가 아니라 가족이어야 합니다. 그래야 아이가 바르게 자라납니다.

스마트폰을 아이의 손에 쥐여주기 전에

'스마트폰을 잘 관리하면 공부의 반은 성공'이라고 할 정도로 스마트폰은 공부에 도움이 되기도 하고, 독이 되기도 합니다. 요즘 스마트폰이 없는 학생을 보기 힘듭니다. 이른바 학군지라는 곳에는 전화와 메시지만 되는 폴더폰을 가지고 다니는 아이도 있지만, 대부분 스마트폰을 갖고 있습니다. SNS를 잘못 사용하면 뜻하지 않게 학교폭력에 휘말릴 수도 있고, 평생 지워지지 않는 상처가 남을 수 있습니다. 아이에게 스마트폰을 사주기로 결정했다면 적어도 아래의 사항은 꼭 알려주세요.

① 시간을 정해놓고 사용한다

어른도 스마트폰을 손에서 놓지 못합니다. 자기를 통제하는 힘이 어른보다 약한 아이들은 스마트폰 중독에 더 취약합니다. 인터넷과 스마트폰에 중독된 사람의 뇌는 마약중독자나 알코올중독자의 뇌와 매우 흡사합니다.[65] 스마트폰을 사주기 전부터 사용 시간을 정해주세요. 가능하면 부모님도 함께 그 시간을 지키면 좋겠습니다.

② SNS에는 물론 SNS에서 만난 사람에게는 어떤 개인 정보도 알려주면 안 된다

페이스북, 트위터, 카카오톡, 인스타그램, 틱톡 등 아이들이 열광하는 SNS를 무조건 막을 수는 없습니다. 스마트폰을 갖는다는 건 언제 어디서나 SNS에 접속할 수 있다는 뜻이니 SNS의 위험성을 알려줘야 합니다. SNS에 올린 개인 정보가 악용된 사례를 자녀와 함께 찾아보고, 악한 의도를 가진 사람이 선한 얼굴로 접근할 수 있다는 점을 강조해주세요. 만일 누군가 자기나 가족의 신체 부위를 찍어 보내라고 요구하거나, 개인 정보를 알고 있다며 협박한다면 즉시 부모에게 말해야 한다고 지도해야 합니다.

③ SNS에 올린 정보는 지우기가 극히 어렵다

아이들은 아무 생각 없이 SNS에 온갖 사생활을 올릴 때가 많습니다. 빠르게 퍼지고, 공유되는 SNS의 특성상 SNS에 올린 내용은 영원히 남는데도 사진, 동영상을 올리기가 너무나 쉬워서 아이들은 심각성을 모릅니다. 내가 올린 내용을 전 세계 사람들이 봐도 괜찮은가? 10년 후의 나 자신이나 지원하는 회사의 면접관, 배우자가 봐도 괜찮은 내용인가? 내가 올린 게시물로 피해를 보는 사람이 아무도 없을까? SNS에 게시물을 올리기 전에 스스로를 점검하는 습관을 만들어주세요.

④ SNS에서 다른 사람에 관해 말하면 안 된다

SNS로 생기는 친구 문제는 대개 다른 사람에 관한 말에서 시작합니다. 그 말이 사실이든 거짓이든 자기가 언급한 말에는 책임이 따른다는 걸 알아야 합니다. 자신의 의도가 아니라 상대방이 어떻게 받아들이냐에 따라 사이버 언어폭력과 명예훼손 여부가 결정된다는 걸 알려주세요.

⑤ SNS에서 얻는 인기는 진짜가 아니다

팔로워와 좋아요가 힘이 되는 시대의 영향으로 아이들도 SNS에서 관심받기를 좋아합니다. 어른도 댓글과 반응 때문에 서슴없이 거짓말을 하고 범죄까지 저지르는 걸 보면 SNS에 빠진 아이들의 마음을 짐작할 수 있습니다. MIT 심리학자 셰리 터클Sherry Turkle은 SNS에 의존하는 사람은 "진정한 자아가 증발"한다고 말합니다. 『아이디스오더iDisorder』의 저자이자 심리학자 래리 로젠Larry Rosen은 SNS가 청소년 우울증과 강력한 상관관계가 있다고 발표했습니다.[66] SNS 친구를 무조건 믿어서는 안된다는 것, 실제 친구와만 SNS 친구를 맺는 것이 안전하다는 점을 알려주세요.

집안일을 할 줄 아는 아이가
공부도 잘한다

가정과 학교에서 아이들의 문해력과 자기주도적 학습 능력을 높이기 위해 애썼지만, 어쩌면 이보다 더 중요한 일이 있습니다. 의식주 챙기기입니다. 사람이 살아가는 데 기본적으로 의식주가 필요한 것처럼, 아이들도 스스로 옷이나 음식을 챙길 줄 알아야 합니다. 아이에게 의식주를 챙기는 일은 곧 집안일 돕기입니다. 나이와 가정의 상황에 맞게 아이도 집안일을 하도록 규칙을 마련해주어야 합니다.

아이의 집안일 규칙 정해주기

1 **의** 깨끗하게 씻기, 더러운 옷 제때 갈아입기, 옷 정리하기, 옷 단
정하게 입기, 세탁기 돌리기, 빨래 널기 등
2 **식** 음식 골고루 먹기, 건강한 식습관 갖기, 식사 준비 돕기, 먹고
난 그릇을 설거지하거나 정리하기 등
3 **주** 방 정리하기, 집 청소하기, 쓰레기 버리기, 분리수거 하기 등

자녀가 초등학교 입학을 앞두면 부모님은 불안해합니다. 예비초등생 학부모를 대상으로 하는 강의에 가면 한글은 어디까지 알아야 하는지, 덧셈 뺄셈 속도는 얼마나 빨라야 하는지 등의 질문이 쏟아집니다. 그러나 정작 입학한 아이들에게 첫날부터 필요한 건 실내화 갈아 신기,

자기 자리 찾아가기, 스스로 밥 먹기, 화장실 변기 물 내리기, 옷 바르게 입기, 자기 자리 청소하기, 책상 정리하기 등 기본적인 생활 습관입니다. 아무리 공부를 잘해도 급식 시간에 혼자 밥을 잘 먹지 못하고, 화장실 뒤처리를 못 하는 아이는 학교 적응이 힘듭니다. 자기 물건을 잘 정리하지 못하는 아이는 필요한 교과서와 준비물을 찾지 못해서 수업 시간에 집중하기 어렵습니다. 공부보다 자립할 준비, 그러니까 의식주를 스스로 챙기는 연습을 어려서부터 해야 합니다.

미국 미네소타대학의 마티 로스맨Marty Rossmann 박사는 4년 동안 84명의 아이를 추적했고, 어릴 때 집안일을 도운 사람이 학업과 직업에서 더 성공적이라는 사실을 발견했습니다. 집안일을 하면서 가족에게 기여하고, 함께 일하는 것이 중요하다는 것을 깨닫기 때문에 가족관계와 교우관계가 좋을 가능성이 더 커집니다. 하버드대학교는 도시에 사는 14~46세의 남자 456명을 분석한 결과 정신 건강을 가장 잘 예측하는 요소는 가사를 돕는 일과 같이 어려서부터 일하려는 의지와 능력이라고 밝혔습니다.

나이에 따라 알맞은 집안일을 아이들에게 정해주세요. 아이들이 처음부터 잘할 수는 없습니다. 또한 아이들이 집안일을 하고 나면 오히려 부모가 할 일이 많아지기도 합니다. 당연히 부모가 직접 집안일을 하는 게 더 효율적입니다. 하지만 결과가 아니라 과정에 초점을 두세요. 아이와 집안일을 함께하는 목적은 아이가 가족의 일원으로서 책임감을 느끼고, 다른 사람을 돕는 마음과 겸손한 태도를 갖게 하는 것입니다. 가족과의 관계, 책임감, 자립심, 자제력, 효능감 등 학업과 사회성의 열쇠는 집안일에서부터 시작됩니다.

하루 3줄 집공부를 해야 하는 진짜 이유

아이가 고학년이 될수록 신경 쓸 일은 많아지는데, 아이는 자기가 다 컸다고 생각하고 말을 듣지 않으니 자식 키우기가 점점 어렵다는 말이 실감 납니다. 문해력 집공부로 시작한 글이 결국 습관, 정서, 부모와 아이와의 관계, 교우관계, SNS로 이어졌습니다. 그만큼 공부를 잘하려면 학습 방법에 더해 부모, 친구, 스마트폰 관리 등 다양한 요인을 관리해야 한다는 뜻이죠.

흔히 모든 질문에 케바케Case by Case라고 답하면 정답이라고들 합니다. 공부도 케바케죠. 아이마다 능력과 성격이 다르니 이 아이에겐 통하고, 저 아이에겐 통하지 않는 방법이 있기 마련입니다. 다만 저는 아이가 어려서는 아이의 마음을 다독이고 품는 데 힘을 쏟았고, 지금은 아이가 공부하고 싶을 때 스스로 책을 읽고 공부할 수 있도록 문해력을 키우기 위해 책 읽기와 글쓰기에 집중하고 있습니다.

친한 지인이 자녀교육서를 내기가 무섭지 않냐고 물었습니다. 나중에라도 저와 우리 아이들을 기억하는 독자가 "그렇게 집공부한 아이는 어느 대학엘 갔대?" 하고 묻기 마련인데, 아이들이 부담스럽지 않겠냐면서 말입니다. 저도 평범한 사람이고, 보통 아이 둘을 키우는 엄마이니 당연히 무섭습니다. 아이가 공부할 마음이 없어져서 그토록 공들인 문해력이 필요 없을 수도 있고, 대학교에 안 가겠다고 할지도 모릅니다. 함께 공부했지만 꼴찌를 할 수도 있겠죠. 미래는 아무도 모릅니다. 그래서 저는 지금 최선을 다할 뿐입니다. 나중에 "이렇게 해볼걸." 하고 후회하는 것보다 "최선을 다했는데 어쩔 수 없었네!" 하고 손을 탁탁 터는 게 훨씬 낫지 않을까요?

저와 아이들의 문해력 키우는 글쓰기 공부에서 하나라도 건질 게 있다면 "우리 아이는 늦었어." "우리 애는 안될거야."라고 섣불리 판단하지 말고, "해보자. 해보고 나서 안 되면 말고!" 하는 마음으로 실천해 보길 바랍니다. 아이와 함께 머리를 맞대고 해보면 아이와 부모님에게 꼭 맞는, 더 좋은 집공부 방법을 찾게 될 겁니다.

참고 문헌

---

1   이은희. (2019) 「4차산업혁명 시대 가정과 교육의 역할」 한국가정과교육학회지, 31(4);
    149~161쪽, 153쪽.

2   김영민. (2020) 『공부란 무엇인가』 어크로스. 123쪽.

3   헨리 뢰디거, 마크 맥대니얼, 피터브라운. (2014) 『어떻게 공부할 것인가』 와이즈베리.

4   유시민. (2015) 『유시민의 글쓰기 특강』 생각의 길. 62쪽.

5   엄훈. (2019) 「아동기 문해력 발달 격차에 대한 문제해결적 접근」 독서연구, 50(0), 9-39.

6   김경환. (2019) 「읽기 능력과 학업성취의 상관관계 연구」 리터러시연구, 10(3), 431-
    466.

7   박지은, 안성우. (2012) 수학 「학습 부진 아동과 일반 아동의 읽기 능력과 작업 기억 특성
    비교」 14(3), 479-499.

8   박은아, 송미영. (2008) 「고등학교 1학년 학생의 국어과의 읽기 능력과 사회과 학업성취
    도 간의 관계 분석」 사회과교육, 47(3), 241-266.

9   이순영. (2012) 「21세기의 독서와 독서 교육」 새국어생활, 22(4), 37-47.

10 미래교육플러스. <배움의 기초–문해력 1부> EBS. 2020.2.25.

11 김성연. (2019)「4차산업시대 교육 환경 변화에 따른 독서 교육의 모색」리터러시연구. 10(3), 467-486.

12 「책 못 읽는 중장년층… 실질문맹률 OECD 최고 수준」 2014.10.10. KBS 뉴스. 박대기 기자.

13 다니엘 페나크. (2004)『소설처럼』문학과지성사. 23쪽.

14 https://college.uchicago.edu/academics/core-curriculum

15 Eliot, Charles (23 April 1910)「Dr. Eliot's Five-Foot Shelf of Books, A Personal Definitive Statement from the Editor」Collier's. Springfield, Ohio: P.F. Collier & Son. pp. 21, 22, 26. hdl:2027/hvd.32044092735687. Retrieved 2 January 2021.

16 「변하지 않는 가치에 주목, 세계 3위 부자 베이조스」2017.03.27. 매일경제. 장박원 기자.

17 윤준채. (2009)「문해력의 개념과 국내외 연구 경향」새국어생활 제19권 제2호:5-16

18 서혁, 윤준채, 이관규, 정건지. (2008)「국민의 기초 문해력 조사」국립국어원. 2008-1-57.

19 진경애, 김성경, 최영인, 강태훈, 김도남, 이영선. (2015)「공교육 정상화를 위한 초등 국어, 수학, 영어 교육과정 이수 점검 및 학습 증진 방안 연구」한국교육과정평가원 연구보고 RRE 2015-7.

20 박종훈. (2010)「대학수학능력시험 언어 영역과 국어 능력」새국어생활 제20권 제1호. (2010년 봄)

21 https://www.korean.go.kr/nkview/nklife/1998_4/8-15.html

22 「신문 매일 읽으면 집중력 향상에 도움」2020-04-01. 동아일보. 정성택 기자.

23 국어과 교육과정. 교육부 고시 제2015-74호. 3쪽.

24 민성원. (2020)『초등 국어 뿌리 공부법』다산북스. 107쪽.

25 독서 평가 프로그램. 미국의 메타매트릭스(Metamatrix) 연구소가 20년에 걸쳐 5만 여권의 책을 분석해 영어책의 난이도와 독자의 읽기 능력을 측정한 후 수준에 맞을 책을 읽을 수 있도록 만든 수치. 지수가 높을수록 읽기 어려운 책.

26 독서 학습 관리 프로그램. 미국의 르네상스 러닝(Renaissance Learning)에서 책의 어휘의 양과 난이도, 문장의 길이와 구성 등을 종합적으로 판단해 읽기 실력을 학년 수준으로 분류한 자료. K(유치원)부터 13(고등학교)까지 총 14단계로 나뉨.

27 Luria, Alexander Romanovich. (1976)「Cognitive development: Its cultural and

social foundations」(M. Lopez-Morillas & L. Solotaroff, Trans.) Cambridge, MA: Harvard University Press. 112p.

28 Lee Rainie, Janna Anderson. (2017) The Future of Jobs and Jobs Training.

29 박경미 외. (2015)「2015 개정 수학과 교육과정 시안 개발 연구Ⅱ」연구보고 BD1512 0005, 한국과학창의재단.

30 Takashi Hanakawa, Manabu Honda, Tomohisa Okada, Hidenao Fukuyama, Hiroshi Shibasaki. (2003)「Neural correlates underlying mental calculation in abacus experts: a functional magnetic resonance imaging study」NeuroImage. 19(2). 296-307. Cui, J., Xiao, R., Ma, M., Yuan, L., Cohen Kodash, R., & Zhou, X. (2020)「Children skilled in mental abacus show enhanced non-symbolic number sense」Current Psychology: A Journal for Diverse Perspectives on Diverse Psychological Issues. Frank, M. C., & Barner, D. (2012)「Representing exact number visually using mental abacus」Journal of Experimental Psychology: General, 141(1), 134–149.

31 최순옥, 정영옥. (2005)「비계설정을 통한 수학 교수-학습에 대한 연구」대한수학교육학회지 15(1): 57-74.

32 〈유퀴즈〉제114화 여름방학 특집! 광클 수업 서울대학교 교육학과 신종호 교수편.

33 헨리 뢰디거, 마크 맥대니얼, 피터 브라운. (2014)『어떻게 공부할 것인가』와이즈베리. 55쪽.

34 김현진. (2020)「소리 내어 읽기와 묵독이 한국어 초급 학습자의 독해력에 미치는 효과」외국어로서의 한국어교육, 56(0): 51-78. 이인선, 이광오. (2006)「과제 수행에 따른 음독의 효과」한국심리학회 학술대회 자료집, 2006(1): 558-559.

35 이정은, 정은영. (2013)「과학 글쓰기를 활용한 과학적 사고력 평가 도구의 개발」교사교육연구, 25(3): 575-588.

36 손정우. (2006)「과학논술능력 향상을 위한 과학적 사고력에 근거한 과학글쓰기 교수법」교육과정평가연구. 9(2): 333-355. 신정인, 신예진, 윤회정, 우애자. (2013)「과학 글쓰기를 활용한 수업이 중학생들의 과학 관련 태도, 학습 동기 및 학업 성취도에 미치는 영향」한국과학교육학회지. 33(2): 511-521.

37 정재은. (2012)「탐구적 과학 글쓰기(SWH)의 과학 탐구 능력 향상에 기여한 탐구 활동의

분석」 이화여자대학교 석사학위논문.

38 이관희. 김종록. (2011)『과학 글쓰기 전략』「이공계니까 '과학 글쓰기'로 성공해야 하는 시대가 됐어요」 2019. 9. 10.한겨레. 박이정. 최화진.

39 송신철, 심규철. (2019)「초등 5~6학년군 과학 교과서에 제시된 탐구 활동 유형 분석」 초등과학교육 38(4): 453-464.

40 Vaoughan Prain, Brian Hand. (1999)Students perceptions of writing for learning in secondary school science. Science Education, 83(2): 151-162.

41 에른스트 마이어. (2016)『이것이 생물학이다』 바다출판사

42 홍유경, 이석희. (2017)「Circle Map를 활용한 초등학교 과학 수업이 학습 동기와 학업성취도에 미치는 영향」 한국수산해양교육학회지, 29(3): 799-810.

43 David Pearson, Elizabeth Moje, Cynthia Greenleaf. (2010)Literacy and Science: Each in the Service of the Other. Science, 823(23): 459-463.

44 양금슬, 남상준. (2020)「초등 사회과 지리 영역에서 학습만화 활용의 효과」 초등교과교육연구, (32): 83-104.

45 「'Why?'류 학습만화 약인가 독인가…"공부 흥미 생겨"vs"독서와 멀어져"」 2020.11.11. 중앙일보. 22면. 김호정.

46 A Mischel, W., Ayduk, O., Berman, M. G., Casey, B. J., Gotlib, I. H., Jonides, J., Kross, E., Teslovich, T., Wilson, N. L., Zayas, V., & Shoda, Y. (2011) 「'Willpower' over the life span: decomposing self-regulation.」 Social cognitive and affective neuroscience, 6(2), 252–256.

47, 48 Jonah Lehrer. (2009) 「Don't! The Secret of Self-control.」 The New Yorker. May 11, 2009.

49 Pamela Qualter, Kathryn J. Gardner, Debbie J. Pope, Jane M. Hutchinson, Helen E. Whiteley. (2012) 「Ability Emotional Intelligence, Trait Emotional Intelligence, and Academic Success in British Secondary Schools: A 5 Year Longitudinal Study.」 Learning and Individual Differences. Volume 22, Issue 1, February 2012, Pages 83-91.

50 Boon How Chew, Azhar Md Zain, Faezah Hassan. (2013) 「Emotional intelligence and Academic Performance in First and Final Year Medical Students: a Cross-sec-

tional Study.」 BMC Medical Education. 2013, 13:44.

51 Dent, Amy L. (2013)「The Relation Between Self-Regulation and Academic Achievement: A Meta-Analysis Exploring Variation in the Way Constructs are Labeled, Defined, and Measured. 」 Doctor of Philosophy in Psychology & Neuroscience Dissertation, Duke University.

52 〈"엄마도 모르는 우리 아이의 정서 지능, 2부 아이의 성적표를 바꾸다"〉. EBS 다큐프라임. 2012.4.30.

53 최성애, 조벽. (2012)『최성애, 조벽 교수의 청소년 감정 코칭』해냄.

54 「Keeping a diary makes you happier.」 The Guardian. 2009. 2. 15. by Ian Sample.

55 <당신의 문해력. 읽지 못하는 아이들> EBS.

56 「A framework to guide an education response to the covid-19 pandemic of 2020.」 OECD(2020) www.hm.ee/sites/default/files/framework_guide_v1_002_harward.pdf

57 권순정. (2020)「코로나19 이후 교육의 과제: 재조명되는 격차와 불평등,그리고 학교의 역할」서울특별시교육청교육연구정보원 교육정책연구소.

58 이정현, 박미희, 소미영, 안수현. (2020)「코로나19와 교육: 학교 구성원의 생활과 인식을 중심으로」경기도교육연구원.

59 찰스 두히그. (2012)『습관의 힘』갤리온.

60 Laura Chaddock-Heyman, Kirk I. Erickson, Joseph L. Holtrop, Michelle W. Voss, Matthew B. Pontifex, Lauren B. Raine, Charles H. Hillman, Arthur F. Kramer. (2014)「Aerobic fitness is associated with greater white matter integrity in children. Froniers in Human Neuroscience, 19 August 2014.

61 「운동! 오히려 공부에 방해가 될까?」『정신의학신문』. 2019. 12. 09. 김경민.(정신건강의학과 전문의)

62 장철, 신현석. (2016)「음악청취가 학업스트레스와 우울증에 미치는 영향」 Journal of The Korean Society of Integrative Medicine, 2016, 4(3):31~37.

63 김바로미, 조복희. "바둑놀이활동이 유아의 인지능력, 문제해결력 및 만족지연능력에 미치는 효과."한국생활과학회지19.2(2010):245-256.

백기자, 이선규, 정수현. "바둑 학습 아동들의 뇌 기능과 기력 향상에 뉴로피드백 훈련이 미치는 영향에 관한 연구." 한국산학기술학회 논문지9.5(2008):1399-1406.

안상균, 백기자, 정수현. "아동 바둑 학습이 뇌의 활성도와 정서에 미치는 영향연구." 한국산학기술학회 논문지11.4(2010):1436-1441.

64 고든 뉴펠드, 가보 마테. (2018) 『아이의 손을 놓지 마라』 북라인. 61쪽.

65, 66 Tony Dokoupil. Is the Internet Making Us Crazy? What the New Research Says. 『Newsweek』 2012. 7. 9.

하루 3줄
초등 문해력의 기적

1판 1쇄 인쇄 2021년 11월 12일
1판 1쇄 발행 2021년 12월 1일

지은이 윤희솔
펴낸이 고병욱

책임편집 이새봄 **기획편집** 이미현 김지수
마케팅 이일권 김윤성 김도연 김재욱 이애주 오정민
디자인 공희 진미나 백은주 **외서기획** 이슬
제작 김기창 **관리** 주동은 조재언 **총무** 문준기 노재경 송민진

펴낸곳 청림출판(주)
등록 제1989 - 000026호

교정교열 김민영

본사 06048 서울시 강남구 도산대로 38길 11 청림출판(주) (논현동 63)
제2사옥 10881 경기도 파주시 회동길 173 청림아트스페이스 (문발동 518 - 6)
전화 02 - 546 - 4341 **팩스** 02 - 546 - 8053
홈페이지 www.chungrim.com **이메일** life@chungrim.com
블로그 blog.naver.com/chungrimlife **페이스북** www.facebook.com/chungrimlife

ⓒ 윤희솔, 2021

ISBN 979-11-88700-93-6 (13590)